水世界的水是水非

陈健翔 著

甘肃少年儿童出版社

图书在版编目（CIP）数据

水世界的水是水非 / 陈健翔著. -- 兰州：甘肃少年儿童出版社，2015.11（2021.6重印）

(科学24科普文丛)

ISBN 978-7-5422-3676-0

Ⅰ. ①水… Ⅱ. ①陈… Ⅲ. ①水—少儿读物 Ⅳ. ①P33-49

中国版本图书馆CIP数据核字(2015)第244258号

水 世 界 的 水 是 水 非

陈健翔 著

项目策划： 王光辉 朱满良
项目执行： 朱富明 段山英
责任编辑： 杨万玉
装帧设计： 钱 黎
漫画插画： 陈健翔
书稿统筹： 一路春心蹉跎
出版发行： 甘肃少年儿童出版社
(兰州市读者大道568号)
印 刷： 三河市南阳印刷有限公司
开 本： 880毫米×1360毫米 1/32
印 张： 5
字 数： 160千
版 次： 2016年5月第1版 2021年6月第4次印刷
书 号： ISBN 978-7-5422-3676-0
定 价： 28.00元

目 录

一、水和生命的奇迹

假如有一天，你驾驶着宇宙飞船从浩瀚的太空中掠过，发现一个被蓝色海水包裹着的星球，星球表面还活跃着一些被称为“生命”的物质，那么我在这里告诉你，你所发现的这个星球就是地球……

据说地球是一个被水包裹着的星球，你相信吗？

观察地球小实验

如果说地球是一个被水包裹着的星球，是一个名符其实的水星球，你可能会不以为然。我们分明是站在大片大片的陆地上，我们平常所见到的水，只不过是陆地上的一小部分而已。

别急，我们现在就来做一个实验。

站得高，才能看得远。为了能够看清楚我们脚下这个地球的真面目，我们做这个观察地球的实验时就要站得高高的。

站到咱们家楼顶上？不是！

站在摩天大楼上？不是！

那站在珠穆朗玛峰上总可以了吧？

要想这么大的一个地球在我们眼前呈现为一个球状，就算是站在世界最高峰珠穆朗玛峰上也还是差远了呢。当我们爬上十个百

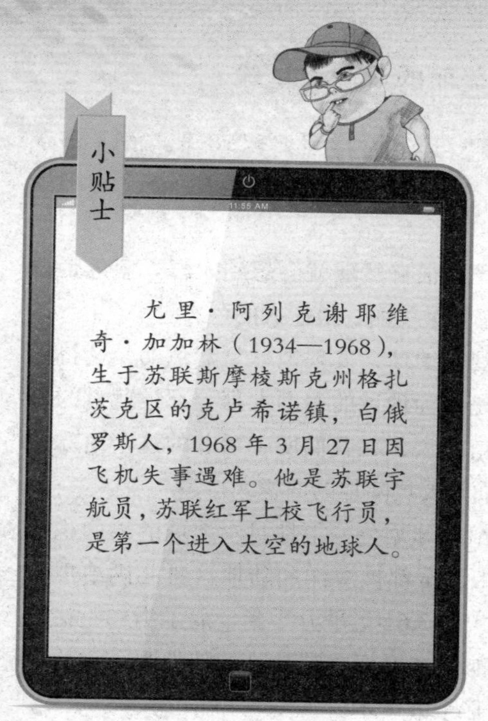

个甚至成千上万个珠穆朗玛峰的高度，站到太空上去，就会发现地球是一个美丽的蓝色水星球。

你爬不了那么高吗？当然了，我也爬不了。不过别着急，这个在我们看来是异想天开的实验早就有人替我们做过了。第一个完成这个实验的人，名叫加加林。

加加林

实验在1961年4月12日莫斯科时间早晨9点07分进行，苏联宇航员加加林乘坐“东方”1号宇宙飞船来到了太空，第一次用人类的眼睛从太空把地球看了个痛快，然后告诉我们：“天空非常幽暗，而地球是蓝色的，看起来一切都非常清澈。”

2003年10月15日北京时间9点，中国宇航员杨利伟乘坐“神舟”五号宇宙飞船进入太空，把加加林做过的观察地球的实验又做了一遍。

杨利伟观察到的地球是什么模样呢？这个我们连问都不必问，自己去看就行。因为杨利伟把他所看到的地球拍摄了回来，我们在互联网上搜一搜看一看，就能够间接地把这个观察地球的实验也做一遍。

杨利伟

美丽的蓝色水星球

从太空看地球

到底是谁如此无聊，竟然将地球涂成了蓝色呢？

说到蓝色，我们很自然地就会想到大海。蓝色是海洋的颜色，也是海洋最美丽、最迷人的色彩。

我们从太空观察地球，发现地球是蓝色的，蓝得跟海洋差不多，那是因为地球的表面大部分都被蓝色的海水所覆盖着。也就是说，在我们所生活着的这个地球的表面上，海水的面积要比陆地的面积大得多。

我们这就来给地球划分一下地盘。地球的表面积约为 5.1 亿平方千米，全都被海洋和陆地这哥儿俩给瓜分了。海洋占去了大约 3.61 亿平方千米，成了当仁不让的大哥。我们人类能够在上面欢蹦乱跳的陆地呢，它的地盘只有大约 1.49 亿平方千米。

大海

正是由于海洋面积大约是陆地面积的 2.42 倍，所以在太空观察地球时，就会看到地球是蓝色的。因此，我们完全可以将地球称为“蓝色的星球”，甚至是“水的行星”。

除了海洋，我们还能够从地球的其他地方找到水的踪影，比如陆地上的江河湖泊全是水，空气中、地底下都是水的家，植物动物们都离不开水。

地球上到处都是水，地球就是一个水的世界。

寻找地球水的起源

地球上那么多的水是从哪里冒出来的呢？

A. 海龙王打喷嚏打出来的。

B. 从水龙头里流出来的。

C. 从地底下冒出来的。

D. 从天上掉下来的。

在神话里，海龙王打个喷嚏，人间就会下雨，这当然只是人类编造出来的故事。在真实世界里，无论是谁，就算打喷嚏将鼻子打成了牛鼻子，天上也不可能下哪怕是一场毛毛细雨。

我们家里所用的水，是我们打开水龙头哗啦哗啦地流出来的。我们需要用多少水，都是问水龙头要的。这些从水龙头里流出来的水名叫自来水，是通过大大小小的自来水管从自来水厂里流到我们家里来的。自来水厂的水，则是从江河湖泊等水源里取的。

供奉龙王的龙王庙

有些水确实是从地底下冒出来的，例如人们经常取用的井水和泉水。这些从地底下冒出来的水是地下水，是人类使用的水的一个重要来源。

我们经常看到雨水从天上下下来，可能会这样想：天上的雨水每年都下下来一点儿，如果发挥愚公移山的精神，经过许多年的积累，把地球上的坑坑洼洼都填满了，地球上不就有水了吗？

我们很快就推翻了这个想法。我们所看到的天上下下来的那些雨水，其实是来源于地球表面的水的蒸发。而对海洋来说，空气中的水分实在是太少了，就算将空气中的水都赶到海洋里面去，还不够胃口巨大的海洋塞牙缝呢！

想知道地球上的水到底是从哪里来的吗？我们这就去追查一下，看看水的最原始最原始的老祖宗是怎么变出来的，以揭开地球水的起源之谜。

水是从天上掉下来的吗

故事发生在很久很久以前，当时的地球上还没有水，也没有任何生命，所以当然也没有人类的存在……

地球自诞生之日起，就过着没有水的干巴巴的日子，就算是渴得嗓子冒烟了，还是找不到哪怕一丁点儿的水。直到有一天，时间大约是在38亿年前，地球遭到了来自外太空的一群不速之客的狂轰滥炸。这些不速之客名叫彗星和小行星，是太阳系中的一些小天体。

据说，这些外来者们疯狂地对地球实施了不要命的撞击。由于它们有很多身上都储存着丰富的水资源，包括蒸汽、液态水和冰，所以，它们的撞击行动虽然把地球撞出了不少坑坑洼洼，可是也使地球发了一大笔意外之财，让地球拥

小贴士

彗星，进入太阳系内亮度和形状会随日距变化而变化的绕日运动的天体，呈云雾状的独特外貌。彗星分为彗核、彗发、彗尾三部分。彗核由冰物质构成，当彗星接近恒星时，彗星物质升华，会在冰核周围形成朦胧的彗发和一条稀薄物质流构成的彗尾。这是彗星最有趣的特点。

小行星，太阳系内类似行星环绕太阳运动，但体积和质量比行星小得多的天体。

有了非常珍贵的水资源。

根据这个故事，地球的水是外来的，是从地球以外的天外世界掉下来的。一些持有这一观点的科学家们甚至通过天文观察找到了这些外来者们的同类。例如，他们曾经发现一颗被称为“利内亚尔”的冰块彗星，并且推测这颗彗星身上藏着大约33亿千克的水，如果把这些水弄到地球上来，足够造出一个大湖泊。

彗星

然而，关于地球水的来源的讨论并没有就此结束。更多的人相信，地球上的水并不是外来的，而是自生的，是地球自己在漫长的岁月中鼓捣出来的。

地球是怎样被鼓捣出来的

故事，还得从地球怎么被鼓捣出来说起。

由于地球的形成时间大约是在60亿年至100亿年以前，我们当然没法子跑到那时候去仔细观察它的形成过程，于是科学家们根据自己所掌握的科学知识，对地球的形成进行了猜测，并且鼓捣出了许多个地球起源的故事。

我们所讲述的，只是众多地球起源故事中的一个。

话说，在太阳系形成之前，它是一片由炽热气体组成的星云。这些星云们是由星际空间的气体和尘埃结合成的云雾状天体。它们的密度非常低，可是霸占的空间却非常大。

我们的那些星云们在宇宙间一边收缩着一边旋转着，到了后来，中心的部分就变成了太阳，而被甩到外面去的部分就变成了行星。

地球就是被甩到外面去的一部分星云物质聚合起来所鼓捣出来的一个行星。它的基本组成是氢气、氮气和一些尘埃。固体尘埃聚集结合成了地球的内核，这个内核外面包裹着大量的气体，成了最早期的地球。

刚刚形成的地球就像一个初生的小孩，力量很弱小，不但结构松散，质量也不大，引力小而且温度低。要想变成生命的摇篮，变成我们人类的美丽家园，地球要走的路还长着呢。

小贴士

星云，是由星际空间的气体和尘埃结合成的云雾状天体，包括除行星和彗星外的几乎所有延展型天体。它们的主要成分是尘埃、氢气、氦气和其他电离气体。

星云

打造地球防卫圈

火山喷发

地球形成之后，不断地进行收缩，内核放射性物质产生了能量，使地球温度不断升高，一些物质被熔化了，那些比较重的物质，例如铁、镍等，聚集在地球中心形成了地核。也就是说，如果我们将地球看成是一个煮熟的鸡蛋，那么这个时候鸡蛋黄就被鼓捣好了。

这时地球内部的温度非常高，岩浆成了激烈的活跃分子，不断地制造出火山喷发，在使地壳发生变化的同时，喷发出大量的气体。

因为摆脱不了地球的引力，这些气体们无处可逃，只能够围绕在地球的周围，打造出了地球的一个防卫圈——原始地球大气。而水呢，它终于以水蒸气的身份出现了，成为了原始地球大气中的一员。

原来，在那些原始地球的固体尘埃身上蕴藏着许多的水分子，被称为结晶水合物。火山喷发的时候，结晶水合物们早就憋得不耐烦了，得到了地球内部的高温的帮助，哪里还肯乖乖地待在地下面，纷纷逃了出来，喷到空中变成了水蒸气。

有些科学家认为，这些不甘寂寞的水蒸气们就是地球上的水的最老的祖宗。

由于这个时候地球的温度还非常高，加上强烈的太阳辐射，水分全都得变成水蒸气乖乖地待在天空中。想变成雨落到地面上来吗？时候还没到呢，水蒸气们就只能在空中飘着，甭想跑到地面来喘口气。

地球的第二道防线

远古时期，地球曾经下过一场超级大雨。猜猜看，当时的那场超级大雨一共下了多少天呢？

想将地球保护得好好的，尤其是想让生命的奇迹发生在地球身上，只靠原始地

球大气是远远不够的。到了这个时候，地球还需要构建出第二道防线——水圈。

当时，由于地球上的水分都变成水蒸气悬挂在了空中，想把它们弄下来变成水，那真是难若登天。最终解决这个难题的竟然是水蒸气自己。

由于地球的外层集结了大量的水蒸气，形成了阳光难以穿过去的浓云，仿佛替地球打了一把巨大无比的超级太阳伞。没有了太阳光的照射，地球表面不但变得黑灯瞎火，而且温度也渐渐地降低下来。只要温度降了下来，水蒸气们就有了可乘之机。它们先是浓缩成密度很大的蒸气云，然后凝结成为液态的水，纷纷向地面实施空降。于是，地球表面开始下起了倾盆大雨。

我们很难想象，当时那场倾盆大雨是何等的壮观。我们大概地猜测，那场大雨连续下了几千年。也就是说，假如那场大雨是从我们的第一个王朝夏王朝的时候开始下，那么可能下到现在还没结束呢。这场大雨不但使地壳进一步冷却，还将地壳表面的那些洼地和鸿沟都填满了水，让它们变成了最早期的江、河、湖、海，形成了最原始的水圈。

不久之后我们就看到，水圈这个地球的第二道防线发挥出了强大的威力，在地球生命的创世之战中成为了决定胜负的关键。

生命的奇迹

有了大气圈和水圈之后，地球上就热闹了起来。水圈不但将暴躁的地球气候调教得更加温和可爱，还为生命的诞生创造了各种有利的条件。

生命的诞生地——海洋

生命为什么将自己的诞生地选在海洋呢?

A.海洋环境好，没有废弃的塑料袋饮料瓶。

B.海洋里有水喝。

C.原始的有机物质为海洋中生命的诞生做好了充足的物质准备。

D.为了对付既可爱又可恨的太阳。

结果，生命将自己的诞生地点选在了浩瀚的海洋。

话说地面上的水不断地被蒸发到空中，在空中凝结成水汽，又以降雨的形式落到了地面，并且在陆地上形成了水流。这些水流先是在陆地上到处逛大街，然后带着逛大街所收获来的很多有机物质奔向了海洋。这些有机物质为海洋中生命的诞生做好了充足的物质准备。

生命之所以选择海洋，更重要的是为了对付既可爱又可恨的太阳。

当时的原始大气中没有氧气，太阳光中的紫外线长驱直入，狠狠地照射在地球上。这些紫外线一方面对原始生命的合成过程起到一种推动作用，另一方面又具有强大的杀伤力。

为了生存，海洋中那些原始的有机物质和太阳打起了游击。它们在水面上靠水和阳光的作用合成，然后又逃到较深层的海水下面，靠着海水的帮忙躲开紫外线的伤害，并且在水中互相进行碰撞接触，从而促进了蛋白质和核酸这些有机物的产生，最终实现了从无生命到有生命的质的飞跃。

在海洋中所诞生的生命们虽然还非常低级和弱小，可是别忘了，像我们人类这么聪明的生物，也都是从那些低级的弱小者进化而来的。

掺水的生命

生命自从诞生之后，就再也没有离开过水的帮助。我们可以想象一下，一棵没有水的植物是怎样的一个可怜虫，一只缺水的动物是怎样的一个倒霉蛋。

水还堂而皇之地成为了我们生物体内的基本成分。就拿我们人类来说吧，水在我们人体里占据了最大的地盘。一个成年人体内的水分大约占了整个体重的65%，儿童则更多，水的比例达到了75%~80%。也就是说，如果你的体重是40千克，那么你的体内有30千克以上的水。

而且，由于人体每天都要消耗水分，为了让我们能够好好活着，每人每天还需要补充1.5千克至2千克的水。你要是坚持着不喝水，很快就会感到口渴，感到浑身没力气。你如果还要死扛下去，体内失水过多就会导致头昏眼花，甚至会昏迷和死亡。

既然生命离不开水的掺和，那我们就多喝水吧。拼命地喝，一直喝到肚子鼓起来为止。我们知道，如果喝酒喝多了，就会醉成一个糊涂虫。那么，如果水喝多了呢？喝水过量会引起水中毒！

所谓的水中毒，并不是说我们所喝的水里面有毒，而是因为水喝得太多了，导致我们人体里面的盐分过度流失，一些水分拥挤到细胞里使细胞水肿，搞得我们头昏眼花、虚弱无力、心跳加快，严重的时候还会昏迷甚至死亡。

水是生命之源，当我们笑话鱼儿离不开水的时候，应该知道，其实包括我们人类在内的所有生物都是离不开水的。如果地球没有水，我们人类就不可能拥有现在这样一个美丽的家园，地球更不可能创造出生命的奇迹。

二、水家族的变身术

传说，水是一位魔法大师，能够变出地球上最伟大的魔法……

看不见的水

湿漉漉的衣服挂在室外，没过多久就干了。衣服上的那些水都被变到哪里去了呢？

我们要想好好地看一场水家族的变身魔法秀，那就先得认识一位水家族里的魔法师，它的名字叫做“水汽”。

和我们喝的开水、洗澡的热水、游泳的泳池水这些常见的水不一样的是，水汽不容易被我们发现。我们与其傻乎乎地盯着杯子里的水发呆，等着水汽魔法师现身，还不如盯着妈妈刚刚晾晒的那几件湿漉漉的衣服。

我们终于找到了水汽的蛛丝马迹！

原来，湿衣服上面的水偷偷地变成了水汽，溜到空气中，随着清风不知跑到哪里逛大街去了。

地球人都知道，我们所生活的地球被无数的空气包围着。水汽就是藏身在这些空气里面的气态的水。在空气中，水汽的含量虽然不多，可是却是最活泼好动、调皮捣蛋的，像那些呼风唤雨、冷空气和热空气打架之类的热闹事儿，总是少不了它。

我们虽然看不到空气中的水汽，但是拥有一个衡量水汽多少的好帮手，名叫“湿度”。空气中的水汽越多，湿度就越高；空气中的水汽越少，湿度就越低。

有意思的是，空气对水汽的容纳也是有限度的。气温高的时候，空气就最为热情好客，能够容纳的水汽就多；气温低的时候，空气也会变得冷淡，能够容纳的水汽就少了。当水汽含量达到了空气的最大负荷时，那空气就说什么也要将水汽拒之门外。所以，在潮湿的天气里，空气湿度特别大的时候，我们的衣服就算晾上个三五天，也还是湿漉漉的。

烧开的水

什么？你看见过水汽？这……水烧开了的时候，冒出来的那些热气腾腾的水蒸气其实并不是水汽，而是水汽遇冷变成的微小的水滴。虽然我们看不到水汽，但是不必灰心，水汽就待在我们身边，在我们周围欢蹦乱跳。

最简单的变云法术

在一个天气不错的大白天，我们用尽全身的力气朝天空望去，寻找那一团团一簇簇的棉花糖般的云朵，一边咽着口水一边想：云是从哪儿来的呢？

答案很简单，云是水汽变出来的。水汽的变云法术非常简单，只要拼命地往高处飞就行，飞得越高越好。

空气在低空的时候，温度比较暖和，它能够容纳的水汽也比较多，所以水汽在空气里面待得舒舒服服的。可是当空气跑到高空时，温度变得越来越低，它能够容纳的水汽也越来越少，不得不将多余的水汽赶跑。

水汽在高空中的空气里待不住了，那些多余的部分就会摇身一变，在尘埃的帮助下变成小水滴或者小冰晶。至于水汽到底是变成小水滴还是小冰晶，那还得是温度说了算。如果温度高于0℃，它就变成小水滴；如果温度低于0℃，它就变成小冰晶。

天空中的小水滴和小冰晶们不是一颗两颗那么简单，而是一大堆一大团数之不尽。当它们聚集在一起，大得能够让我们站在地面上轻松地用眼睛瞅见的时候，我们就看到了一朵朵的云朵。

水汽的变云法术能够顺利表演，还得感谢阳光的帮忙。云里的小水滴和小冰晶们将阳光散射到各个方向，所以我们才看到了云的模样。而云比较薄的时候，是白色的，如果云太厚太浓，使得阳光都通不过去的话，我们所看到的就是一大团黑云。

小贴士

摄氏度，是目前世界上使用比较广泛的一种温标——摄氏温标的温度计量单位，用符号“℃”表示。它是18世纪瑞典天文学家安德斯·摄尔修斯提出来的，现在已经被纳入国际单位制。

冰晶

云

在天空上蹿下跳

当水汽变成了云，学会了在天空中上蹿下跳的时候，变雨的好戏就快要上演了。

下雨

话说水汽被空气排挤了出来，变成了云里的一滴滴的小水滴。这些小水滴们通常都是些小矮个儿，如果我们跑到云上去量一量，会发现它们的直径大都只有 0.01~0.02 毫米，最大也只有 0.2 毫米。

通过水汽的凝结，小水滴们还会渐渐地变大。不过，靠凝结来变大的速度太慢了，为了尽快从小水滴变成大水滴，小水滴们干脆就在云里上蹿下跳起来。小水滴在云里上蹿下跳其实一点儿也不费劲，因为它得到了两种力量的帮忙，一种来自于重力，另一种来自于上升气流。

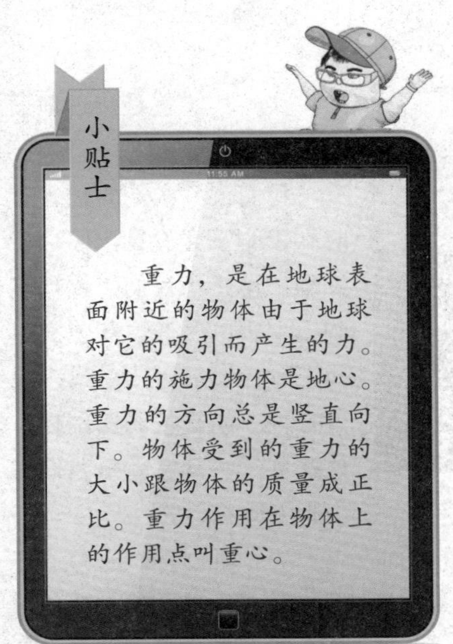

重力，是在地球表面附近的物体由于地球对它的吸引而产生的力。重力的施力物体是地心。重力的方向总是竖直向下。物体受到的重力的大小跟物体的质量成正比。重力作用在物体上的作用点叫重心。

小水滴在云端时，在重力的作用下，好像高台跳水一般闭着眼睛往地面就跳。小水滴并没有一跳就跳到地面，因为在它勇敢的下跳过程中受到了上升气流的阻挠。在上升气流的作用下，小水滴又像坐了直升机一般向高空飞去。

一会儿上升，一会儿下降，小水滴们就这样反反复复地折腾了起来。在这些上蹿下跳的过程中，大大小小的小水滴们互相碰撞，较大的小水滴不断吞并较小的小水滴，变成更大的小水滴。当小水滴们变得足够大了，上升的气流再也托不起这些大胖子们的时候，就从天空中头也不回地降落到地面，变成了雨。

只要我们留心观察，就会发现降雨有时是毛毛细雨，有时是倾盆大雨，有时是阴雨连绵，有时却又是狂风暴雨……这些全都是水汽魔法师变出来的把戏。

把筋斗云喊下来

假如我们真的拥有神仙的本领，可以将天上的一朵白云喊到地面上来，一脚踏上去……我们不是能够腾云驾雾了吗？

你做过腾云驾雾的美梦吗？以后别做这种无厘头的梦了。当天上的那些白云来到你的面前的时候，你根本就没办法踩到它上面去，因为它已经变成了白茫茫的一片雾。

雾

雾，其实就是接近地面的云。

我们去登山的时候，有时在山脚下会看见山间白云缭绕。可是当我们飞快地爬到山上去的时候，却怎么也找不到白云的影子，最多也就是被一团雾气团团围住。这些雾气，其实就是我们在山脚下所看到的云。

水汽魔法师的雾戏法，其实就是将变云术在地面上再表演一遍。

我们已经知道，空气对水汽的容纳是有限度的，并且随着温度的变化而变化。白天的时候温度比较高，空气可以容纳比较多的水汽，于是大量的水汽都跑到空气里面去睡大觉。可是到了夜晚，温度下降了，空气中容纳水汽的能力大为降低，多余的水汽被从空气里赶了出来，变得无家可归，于是凝结成小水珠。大片大片的小水珠们笼罩在地面上，雾就被变出来了。

雾戏法要变得成功，必须要有三个条件，除了湿润的空气和变冷的温度外，还要有给无家可归的水汽们安家的凝结核。这些凝结核就是空气中的那些微小的尘粒。而在秋冬季节的清晨，水汽魔法师最容易凑齐这三个条件，所以那时候我们最容易看到雾。

想将雾变走吗？这也不难，只要温度升高，雾里的小水珠们就可以被蒸发掉。如果来一阵大风，也能将小水珠们吹散，或者将它们赶到天空变成云。

人间仙境还是人间陷阱

面对清晨的大雾，你是选择坚持体育锻炼呢，还是选择钻回被窝里睡大觉？

地球人都知道，早上起来锻炼身体是一个好习惯。在一个秋冬的清晨，你睡眼惺忪地从床上爬了起来，推开窗户一看，窗外竟然是白茫茫的一片。

在大雾的天气里跑跑步，做做操，让雾气在自己身边缭绕，仿佛腾云驾雾似的，那多有意思啊。传说中的神仙们在做运动时，估计也跟这差不多了。不过在大雾天，你最好还是选择钻回被窝里睡大觉。大雾对我们来说，根本就不是什么人间仙境，而是健康的陷阱。

我们已经知道，雾是空气中的小水珠们和小尘粒们搅和在一起形成的。这些尘

在雾霾中晨练

粒是一些对人体有害的污染物，平日已经老是跟我们过不去，现在有了小水珠们的帮忙，它们污染环境的能力就更大了，变得不容易扩散和沉降，并且就在人类经常活动的高度游荡，逮着机会就跑到人体里去捣乱。

更可恶的是，这些尘粒中的一些有害物质能够和水汽结合，毒性变得更大，而且更容易被人吸入并在人体内滞留。

你如果做过运动，肯定知道自己在运动时要用更大的力气去呼吸，吸入比平常呼吸量大得多的空气。如果在大雾天气时坚持要跑到户外去锻炼身体，等于是拼了命让自己吸入大量的脏空气，对身体能有好处吗？

让天空飘满鹅毛

到了冬天，天气足够冷的时候，水汽魔法师将会给我们变出更加好看的雪魔法，让天空飘满鹅毛。

雪

其实，水汽变雪的法术和变雨的法术差不多，不同的在于温度。水汽变出来的云是由小水滴和小冰晶们组成的，而雨滴和雪花就是这些小水滴和小冰晶们变的。

如果我们对云仔细观察，会发现小冰晶们也是些爱打闹的家伙，它们互相碰撞时，冰晶表面因增热而融化，然后又互相沾合冻结，反反复复地折腾了许多遍，加上水汽的继续凝华，很快就从一些小不点儿变成了大个子。这个时候，我们千万别眨眼，当小冰晶们的体重过大，空气的阻力和浮力无法支撑它们的时候，它们在天空中就再也待不下去了，落到地面变成了雪花。

变雪表演要获得成功，温度是至关重要的。如果靠近地面的空气温度在0℃以上，那表演可就要砸了。因为雪花在飘落到地面以前就会融化掉，变成雨或者雨夹雪，比起满天飘满鹅毛大雪的雪景来说，演出效果要差得太多了。

观察雪花的形状也是一个有趣的实验。遇到下雪的时候，如果用放大镜认真观察，我们就会发现雪花大多是六角形的，而且每一朵雪花都美得像一件精致的艺术品。

空袭来了

冰雹，又叫雹，人们嘴里所说的雹子和冷子，指的也是这个家伙。冰雹个子有的大有的小，小的像绿豆，大的如鸡蛋。

我们找来一块冰雹，趁着它还没来得及融化的时候，赶紧观察一下它到底是个什么东西。原来，冰雹是一种固态降水物，是圆球形或圆锥形的冰块，由透明层和不透明层相间组成。

冰雹

水汽魔法师要想变出冰雹，那可要比变雨和变雪难得多了。

首先，它得弄出一片冰雹云来。冰雹云一般都很厚，云顶的高度可以达到10000米，温度低得只有零下30℃至零下40℃，所以冰雹云的中部和上部都是些冰晶、雪花和过冷水滴这些冰冷的家伙。云的下部呢，距离地面只有1000米左右，而且温度比较高，是小水滴们的地盘。

由于冰雹云里面的上升气流很强，云下部的水滴们趁机往上跑，变成了过冷水滴。云上部的那些冰晶和雪花们则利用下沉气流往下面跳。这下子冰雹云的中部就热闹起来了，过冷水滴、冰晶和雪花们碰撞搅和在一起，形成了冰雹的核心。

在上升和下沉气流的帮助下，冰雹核心在冰雹云里反复地上蹿下跳，滚起了雪球，而且越滚个子越大。不过，这个好玩的滚雪球游戏它也没能玩多久，一旦滚得太大了气流支撑不住了，它就得从云里滚蛋，落到地面上来变成我们所看到的冰雹。

冰雹可不是什么好东西，尤其对农作物来说，冰雹无异于一场破坏力极强的空袭，谁碰上了谁倒霉。所以，水汽魔法师的变冰雹表演，我们还是不要看到的好。

神秘露水露出了真面目

既没下雨，又没浇水，这些被称为露水的小水珠是从哪里来的呢？

这是一个夏天的早晨，我们在一些树叶和小草上发现了一颗颗的小水珠。这些小水珠们就是“露”。

露珠

露真是一个来无影去无踪的神奇小子。为此，古代的炼丹家和医生们把这些不知道从哪里冒出来的露水当作是仙水，甚至认为用露水炼制的丹药能医百病和长生不老。这样一来，好玩的事儿可就多了。健康长寿这种好事谁不想啊，于是相信了炼丹家的话的人们就折腾开了，收集露水、炼制丹药忙得不亦乐乎。结果呢？至今为止，我们还没见过哪一个人能够长生不老呢。

说穿了，露水只不过是水汽魔法师所变的一个小戏法而已。我们这就来揭穿神秘的露水的形成之谜。

我们知道，夜晚的气温会下降。由于地面的花草啦石头啦这些东西的散热比空气要快，所以它们的温度自然也就比空气低。当较热的空气遇到较冷的花草石头们，会发生什么呢？空气温度下降，使得空气能够容纳水汽的能力立刻就变弱了，达到了饱和，不得不将多余的水汽赶跑。那些多余的水汽们就变成了无家可归的水珠，也就是我们看到的露水。

这就是说，露水其实一点儿也不神奇，它就是水汽变成的水罢了，是水家族的一分子，和平时我们吃的喝的甚至是冲厕所的水没啥两样。

为什么我们没看到过降霜

你一定见过降雨，可能你也见过降雪，可是你见过降霜吗？

霜是一种白色的冰晶。想找到霜，我们可就不能睡懒觉了，因为霜一般是在夜间形成，等到太阳出来之后不久就会融化掉。不过，就算是我们不睡觉，瞪着天空看上哪怕是一整夜，我们也不可能看到霜从天上降下来。因为霜本来就不属于空降部队，而是在靠近地面的空气中形成的。

地球人都知道，白天的时候，在太阳照射下，各种物体的温度都会上升。可是到了晚上，太阳忙着去照看地球的另一面的时候，物体们因为没有太阳照射而且自己又不断散发热能，所以温度就会降下来。

夜间物体表面温度的降低，给水汽魔法师的霜降表演提供了最大的帮助。当物体表面的温度很低，而且它附近的空气温度又比较高的时候，空气和物体表面碰到一块去就会发生一些有趣的变化：空气变冷了。

只要空气温度的降低令它的水汽饱和了，空气就会毫不留情地将多余的水汽轰

霜降

走。这个时候，温度起到了决定性的作用。因为如果温度在0℃以下，那么多余的水汽就会在物体表面凝华成为冰晶，我们等了许久的霜就终于出现了。

为了表演成功，水汽魔法师还需要控制好风和云这两位大哥。如果天空有云，会妨碍物体在夜间散发热能，想变出霜来就难办了。如果有大风，那表演肯定就会演砸，因为大风使空气流动得太快了，空气接触物体表面的时间太短，霜还没变出来空气就不知跑到哪里去了。

所以，如果想把霜这个家伙找出来，我们最好找一个天气晴朗的、没有风或者只有一点点风的寒冷的夜晚。

三、水的怪毛病

我们已经欣赏过水汽魔法师的精彩表演，知道云、雨、雪、雾、霜、露、雹这些家伙们其实都是水的一种。

可是，你知道水是什么吗？知道水都有些什么样的怪毛病吗？热胀冷缩是物体的一种基本性质，可是水却偏偏给我们上演了一场热缩冷胀的闹剧，这又是怎么回事呢？平平无奇的水里面，到底会隐藏着些什么样的秘密呢……

水的颜色从哪里来

想一想，水是什么颜色的呢？

A. 蓝色，因为大海就是蓝色的。

B. 红色，因为红海是红色的。

C. 青色，因为青海……嘻嘻，因为青海不是青色的。

D. 水是透明的，什么颜色也没有。

要弄清楚水的颜色之谜，首先就要弄清楚物体的颜色是从哪里来的。在地球上，大多数物体本身是不发光的，它们之所以有各种各样的颜色，取决于它们对不同波长的光线进行吸收、反射和穿透的能力。

我们找来一杯白开水，稍微观察一下，很容易就能得出这么一个结论：水是无色、无味、无臭的液体。

既然水是透明的，为什么海水却是蓝色的呢？其实，海水和普通水一样都是无色透明的。海水的颜色，是由海水的光学性质、海水中所含的悬浮物质、海水的深度等各种因素共同决定的。当阳光照射到海面时，海水对不同波长的七色光波的吸收、反射和散射的程度是不一样的。海水最喜欢吸收的是光波较长的红光、橙光、黄光，而且海水越深吸收得越多，水深超过 100 米时，这些光大部分都被海水吸收掉。剩下的事儿就好办了，因为波长较短的蓝光和紫光在遇到水分子时发生强烈的散射和反射，所以我们通常看到的是蔚蓝色或者深蓝色的大海。

湖水因含盐分高而变红

当水到了位于亚洲阿拉伯半岛与非洲大陆之间的红海，由于红海里生长着红色的蓝绿藻，所以海水就被染成了红色，我们就见到了一个红色的海洋。

把水放大放大再放大

如果简单地观察一下水还不够过瘾的话，我们可以将水这个家伙放大放大再放大，看看它里面到底在搞什么名堂。于是，我们很快就发现了水分子的秘密。

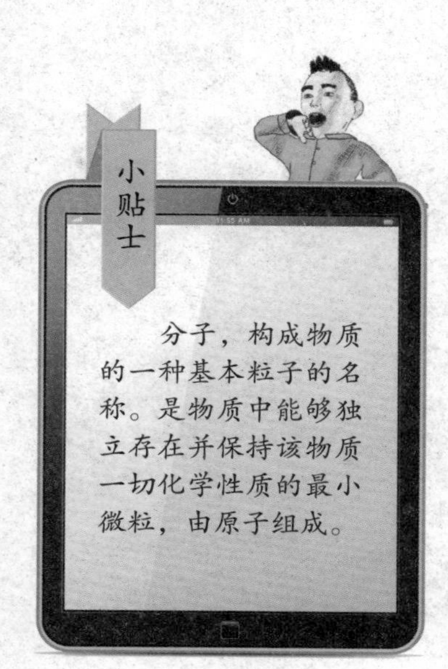

科学家告诉我们，任何物质都是由极微小的粒子组成的，我们把其中保持物质化学性质的微粒叫作分子。而分子呢，又是由更小的原子构成的。

组成水分子的元素有两种，就是氧和氢。而且，为了变成水，这些氧原子和氢原子都得按照 1 个氧原子加上 2 个氢原子这样的规矩，老老实实地待在一起。然后呢，这些水分子们还得通过氢键作用而聚合在一起，形成一个个的水分子团，再由水分子团组成我们所见到的水。

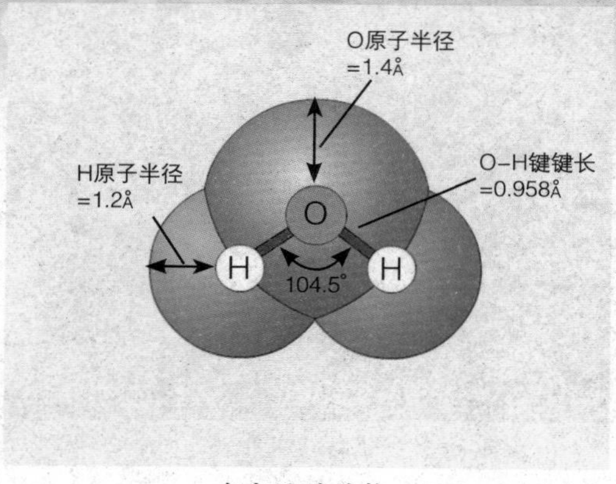

水分子的结构

我们拿着上课用的尺子，是不可能量出一个水分子的身高的。我们大概地知道，一滴水里大约有 1.67×10^{21} 个水分子。由于一滴水里的水分子实在是太多了，所以我们完全可以这样说：无数的水分子组成了一滴水。

有人做过一个有趣的比喻，拿一个水分子和一个乒乓球比大小，就跟拿着这个乒乓球来和地球比大小差不多。

水的三种形态

水虽然可以在我们面前千变万化，可是它无论怎么变，都离不开固态、液态和气态这三种形态，并且要受到温度的严格限制。

我们最常见到的水，也就是那些我们拿来喝的用的水，多数是液态的。我们平时随口说的“水”，指的就是这些液态的水。

我们最难以见到的水，是气态的水。当气态的水在我们周围溜达的时候，我们竟然毫无察觉。既然我们看不见也摸不着气态的水，那就只能用实验来证明它的存在。证明气态水存在的实验非常简单。在一个干燥的季节，我们先找一个水杯，倒上满满的一大杯水，然后就这么搁着放它几天……水杯里的水竟然矮了一大截。这些少掉了的水，就是变成了气态，逃跑到空气中的水汽。

水和冰

想看到固态的水，那就得把温度降低到

0℃以下。0℃是水的冰点，只有当温度降低到冰点以下，水才会乖乖地变成固态。我们将固态的水称为冰，它是一种无色透明的固体。

寻找一块烫手的冰

当提到冰的时候，我们就会想到它是冷的。这是为什么呢？我们能不能找到一块烫手的冰呢？

我们今天来揭开冰点和沸点的秘密。

一般情况下，物质有三种形态，分别是固态、液态和气态。非固体物质变为固态时的那个温度，我们称为凝固点。在标准大气压下，液态的水会在0℃时变成固态的冰，所以这个温度被我们称为冰点。

而沸腾呢？它是在一定温度下液体内部和表面同时发生的剧烈汽化现象。液体沸腾时候的温度被称为沸点。水的沸点是100℃。

一般情况下，冰到了0℃以上就会变成水，而水超过了100℃就会沸腾变成水蒸气，所以我们找不到一块在冰点以上的冰。如果我们跑到火山的熔岩那里，虽然那里的温度很高很烫，可是根本就没有冰；如果我们跑到北冰洋，那里到处都是冰川，可是摸在手里冷得人直发抖。

想找到一块烫手的冰块，那就需要请压力来帮忙。

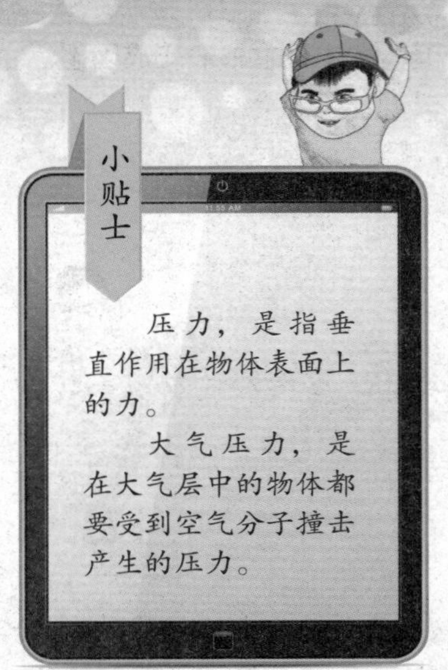

压力，是指垂直作用在物体表面上的力。

大气压力，是在大气层中的物体都要受到空气分子撞击产生的压力。

我们站在地球上，虽然感到头上空荡荡的，可是实际上上面覆盖着一层厚厚的大气层。大气层压在我们身上，让我们都受到了它的压力，这种压力就是大气压力。水的冰点和压力之间存在着一种非常奇妙的关系。在普通的大气压力下，水的冰点是0℃，可是压力变了，冰点就会随之发生变化，而且这个变化非常奇怪。

如果我们不断地使劲，把对水的压力一直增加到2200个大气压那么大，水的冰点就会不断地降低，可是当我们还要继续增加压力，让压力超过了2200个大气压时，水的冰点不但不继续降低，反而会随着压力的增加而升高。正因为水有这么一个怪毛病，当我们将压力增加到20670个大气压的时候，水在76℃时就能够结成冰，这时候的冰块就成了一块烫手的冰块。

可惜的是，我们根本就找不到这种烫手的冰块，因为在我们所能够溜达到的地方，根本就找不到能够产生烫手的冰块的压力和温度条件。

冰川

热缩冷胀的怪毛病

热胀冷缩是物体的一种基本性质。物体在一般状态下，受热以后会膨胀，受冷时则会缩小，这是自然界的老规矩，所有物体都具有这种性质。在物理学中，把某种物质单位体积的质量叫作这种物质的密度。也就是说，如果这个物质的质量不发生变化的话，加热时它的体积就会变大，冷却时它的体积就会缩小。

水变冷结成冰块之后是不是应该缩小了？那它为什么不掉到海底去呢？

正是由于热胀冷缩，踩瘪的乒乓球在热水中洗个澡，瘪下去的那部分就会胀回来；修铁路时得给钢轨之间留下空隙，否则到了大热天它们就会膨胀弯曲，火车们就别想踩在它们身上过去；你们家装糖果的铁罐的盖子打不开时，拿热水烫一烫它就老实了……

用乒乓球做热胀冷缩实验

然而，自然界总是有那么一小撮捣蛋鬼，喜欢搞点儿违反规矩的小动作。水就是这一小撮捣蛋鬼中的一员。

当温度在4℃以上时，水还是老老实实地按照热胀冷缩的规矩办事。温度升高时，水的体积就会增加，温度降低时，水的体积就会缩小。

可是当温度降低到4℃以下时，水这个捣蛋鬼就高兴坏了，因为它可以随着温度的降低而变大起来。等到了0℃，水结成冰的时候，它玩得更是出彩了，个子一下子就大了起来。到了这个时候，冰的个子长大了差不多十分之一，它的密度变得比水小，所以可以轻而易举地浮在水面上四处漂流。

美丽的海岛

为什么住在海边会比较舒服

每到夏天，大家都会感到酷热难耐，我国的许多地方，像重庆、长沙这些城市，每年最热月份的平均气温都高达34℃~35℃以上，极端的时候能达到40℃。

到了这个时候，想乘凉的话，我们可以跑到南海诸岛去。

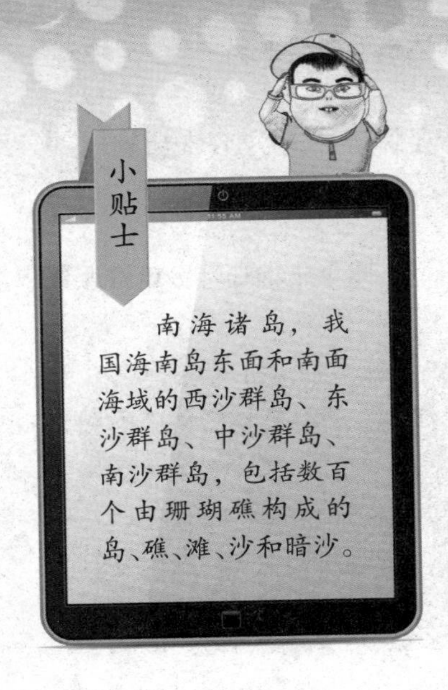

怪了，这样的大热天还跑到靠近赤道的南海诸岛去，不是自找苦吃吗？然而，自然界就是这么奇怪，南海诸岛这时候的月平均气温只有28℃ ~29℃，比内陆凉快多了。

原来，这又是水的怪毛病给闹的。

我们知道，要把水的温度升高，就得让它吃掉一点热量，要把水的温度降低，就得让它放出一点热量。而水的温度升高或者降低1℃所吸收或者放出的热量，就是水的热容量。水的怪毛病，就是它的热容量比大多数物质都要大，差不多是土和沙这些东西的5倍。正是由于水和土之间的热容量相差这么大，住在海边就变得舒服多了。

当夏天气温升高，内陆的那些土壤砂石们已经被热得吃不消的时候，海水还可以优哉游哉地替我们吸收掉一部分热量，让海边的气温慢慢地降低。当冬天气温降低，内陆的那些土壤砂石们已经冷得要命的时候，海水却能够将自己吸收的热量释放出来，让海边的气温慢慢地升高。

于是，无论是冬天还是夏天，住在海边的人们都会感到气温的变化比较小，比住在内陆的人们舒服多了。我们把靠近海洋附近地区的这种舒舒服服的气候，称为海洋性气候。

硬币不沉之谜

为了将水的怪毛病彻底地搞清楚，我们来做一个小实验。

第一步，准备实验材料。包括一个盆子、一枚硬币。盆子随便一个就行，但是硬币最好是一角、五分、二分那样的镍币，否则实验做不成功可不能怪我。

第二步，将盆子放到水龙头下面，哗啦哗啦地盛满清水。

第三步，将硬币放进水里，你将看到什么怪事呢？

什么，你的硬币掉到水底了？那是你的动作太粗鲁了，重来吧。请你再把实验做一遍，要将硬币擦干了，小心翼翼地放在平静的水面上。

奇迹终于出现了，你的硬币竟然浮在了水面上。

我们如果查一查资料，会发现这些硬币是用铝镍合金铸成的，它的密度是水密度的2.7倍，这……原来，水有一个名叫表面张力的怪毛病。由于水的表面张力比较大，水的表面分子凝聚形成了张力膜，想要将这张张力膜砸破，那就需要相当大的力量。因为有了表面张力的帮忙，别说是硬币了，就算是比水重8倍多的东西都有可能被平放在水面上。

水银

表面张力这种东西并不是水独有的，但是水的表面张力特别大。如果我们将平常所遇到的那些液体们排一排队，就会发现水的表面张力竟然仅次于水银，排在了第二位。

硬币

水真的很纯净吗

当我们郊游发现清澈的溪流时，当我们拧开水龙头放出干净的自来水时，千万不要以为这些水都是绝对的纯净，里面什么杂质都没有。当我们把这些水放大了之后，就会发现水其实是一种非常复杂的溶液，里面除了水分子以外，还有很多其他的杂质，这些杂质可以分为可溶性物质、胶体物质、悬浮物质和生物。

可溶性物质就是那些可以溶解于水的东西，包括盐类、有机物和可溶气体。例如，

如果你从郊外的小溪里捧起一捧水喝进肚子里，请问你知道自己都喝了些什么吗？

A.好多好多的病毒、细菌。

B.可溶性物质、胶体物质、悬浮物质和生物。

C.抱歉，喝了一个烂胶袋。

D.喝的当然是水啊，笨蛋！

我们平时烧菜和煮汤所用到的食盐就是属于这种可溶性物质。

胶体物质包括硅胶、腐殖酸这些东西。在天然水中，胶体物质主要是植物或动物的肢体腐烂和分解而生成的腐殖物。含有这些腐殖物最多的是湖泊水，并且常常使水呈现出黄绿色或者褐色。

水里面的悬浮物质，包括泥沙、黏土这些东西。

这些躲在看似纯净的水里面的杂质们，我们可以通过它们在水里的微粒的大小来将它们排一排队，并且加以区分。个头最小的是可溶性物质，胶体物质排在中间，而个头最大的就是悬浮物质。

令我们惊奇的是，水里面还藏有许多的生物，它们包括细菌、病毒这些微生物，甚至还有藻类和原生动物。

我们平时所说的纯净水，是指水质清纯的水，它不含任何有害物质和细菌，像有机污染物、无机盐、添加剂和各类杂质这些全部都要被踢走，它能够有效地避免各类病菌入侵人体，可以有效安全地给人体补充水分。然而，这些纯净水不可能来自天然，而只能通过加工生产出来。

虽然水里面含有这么多的杂质，但是我们平常所饮用的自来水还是安全可靠的。

浑浊的水

给水们分一分类

给水们分一分类，这又是一个非常好玩的游戏。根据不同的标准，我们可以给水们冠上不同名字，让它们想躲都躲不掉。

什么？水还有软和硬的区别？难道水不是全都软巴巴的吗？

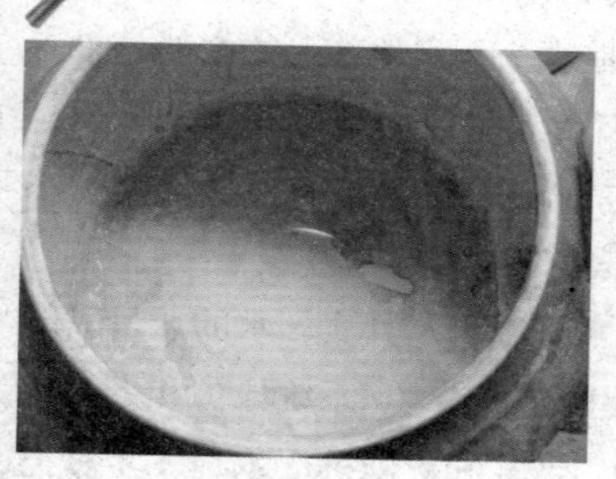
水垢

比如，当我们洗澡的时候，就会想到我们是要洗一个冷水澡还是洗一个热水澡呢？冷水和热水，就是我们按照温度的标准来给水分的类。科学家们按照温度所分出来的水可不止两种这么少，它们包括0℃以下的过冷水，0℃~20℃的冷水，20℃~37℃的温水，37℃~50℃的热水，50℃~100℃的高热水和100℃以上的过热水。

我们喝白开水的时候，发现它淡淡的什么味道都没有，所以它是淡水。但是如果我们在海里游泳的时候不小心被海水呛着了，就会发现海水是咸的，所以它属于咸水。淡水和咸水，就是我们按照水含有盐分的多少来划分的。因为只有淡水才适合我们人类饮用，所以在航海的时候如果没有带上足够的淡水，那么虽然脚底下的海水多的是，人还是会被渴死的。

在日常生活中，我们经常会发现水壶的内壁有水垢，那是因为我们所用的水里面有不少的无机盐类的物质，包括钙、镁盐等东西。虽然在常温下这些东西都藏得非常好，可是当水被煮沸后，很多钙、镁盐就以碳酸盐形式沉淀出来，变成我们所看到的那些水垢。我们通常把水中钙、镁离子的含量用“硬度”这个指标来表示。硬度低的，也就是说不含或含有较少钙镁化合物的水就是软水；硬度高的，也就是含较多的钙镁化合物的水，就是硬水。

水其实是个吝啬鬼

在我们看来，吝啬是水最大的、也是最令人恼火的怪毛病。

因为水是自然资源的重要组成部分，是所有生物的结构组成和生命活动的主要物质基础，我们人类的所有事儿，包括吃喝拉撒全都离不开水的帮助，所以，我们把地球上的水的总体，包括大气中的降水、河湖中的地表水、浅层和深层的地下水，还有冰川、海水等等，称为水资源。

人类为了利用水资源修建的水库

我们粗略地算一下，地球上的水的总量有140亿亿吨左右。如果我们把这些水都分了，平均每人大概能够分到2亿多吨。2亿吨的水啊，就算是我们用八辈子都用不完，水对我们真是大方极了。

事实真的是这样吗？我们真的拥有取之不尽的水资源吗？其实，水的总量只能算是广义的水资源，而真正能够被我们人类好好利用的、与生态系统保护和人类生存与发展密切相关的、可以利用的而又逐年能够得到恢复和更新的淡水，才是真正的水资源。这个水资源，我们称为狭义的水资源。

将水资源的概念从广义变为狭义之后，水的吝啬鬼嘴脸立刻就露出来了。地球上虽然有很多的水，可是有97.3%的水是我们根本就喝不下口的咸水。这还不算，在那2.7%的淡水里面，不能直接拿来用的土壤水、大气水、冰川、冰雪又占去了大多数，剩下只有大约0.26%的水能够供我们地球生物直接利用。也就是这样，我们人类还不能把这些水独吞了，还得与地球上的其他生物一起分享。

倒霉！我们竟然碰到了水这么一个吝啬鬼！

更加倒霉的事情还在后头呢。水在供我们利用的同时，还玩出了许多新花样，搞得这又不行，那又不是，还要挟我们要想出各种各样的办法将它好好地保护起来。

四、一滴水旅行记

水不但能够在大海里畅游，还能飞到天空中去跳舞，又或者溜到陆地上去玩耍。然而，并不是每一滴水都是杰出的旅行家，只有它们中最有冒险精神、最锲而不舍的那一群勇敢者，才能够完成在地球上旅行的使命。

我们所观察的这一滴水，就是这些勇敢者当中的一员。

一滴志向远大的水

我们取名为“一滴水”的这滴水，有一个非常大的家，那就是海洋。在众多的海水里，它虽然只是毫不起眼的一小滴，但是它从来就不肯承认自己的渺小。在它的眼里，它还是一个大官，是个高级领导，统管着手下不计其数的水分子呢！

鲸鱼喷水

一滴水从小就立志要当一个伟大的旅行家。它平时最喜欢做的事，就是在别的海水面前吹嘘自己不平凡的冒险经历。例如，它曾经潜入深深的海底，在一只全身披挂着铠甲的龙虾的鼻子前打了个转，然后成功地撤回到安全地带。又例如，它曾经随着海浪涌到了沙滩上，在陆地的地盘上来了个到此一游，然后又随着下一波海浪回归大海的怀抱。最惊险最刺激的一次，是它竟然溜达到了一条凶神恶煞般的虎鲸的鼻子上，借助虎鲸喷出的水柱，进行了它的第一次空中旅行。

一滴水认为，海洋、陆地、天空都被自己征服了，自己当然就成为了海洋中最出色的一位旅行家了。然而，当一滴水后来遇到那些曾经在云朵上玩过蹦极，在内陆的河流里玩过漂流，还在动物和植物的家里做过客的水滴同伴时，立刻就羞愧得无地自容。

原来，人家嘴里所说的旅行和自己所说的根本就不是一回事儿。

旅行的六大秘技

怎样才能成为水家族里真正的旅行家呢？

什么？六大秘技？武当还是少林啊？一滴水立刻傻了眼。什么六大秘技，它是连听都没听说过。

如果想要成为水家族里真正的旅行家，有六大秘技是必须学会的，否则任凭一滴水怎么折腾，它最多也就能够在大海的怀抱里瞎闹。这六大秘技就是：融解、凝固、蒸发、凝结、升华和凝华。

想学会这六大秘技，就得从水的三态开始。水有三态，分别是固态的冰、液态的水和气态的水汽。成为旅行家最大的诀窍是学会如何在固态、液态、气态这三种形态的水之间变过来变过去，从而达到长距离旅行的目的。

在固态和液态之间的变身秘技，名叫融解和凝固。我们找一个塑料杯，盛上一杯水，放到冰柜里，过一会儿杯子里的水就会变成冰，这种从液态变身为固态的秘技就是凝固。

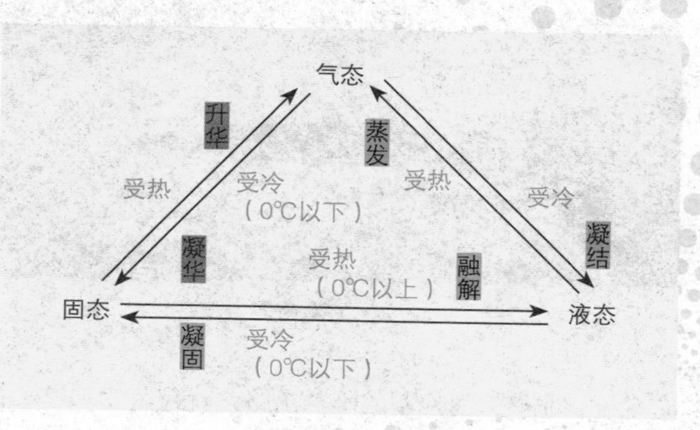

水的三态循环示意图

当我们把杯子从冰柜里取出来，放在桌子上，过一会儿杯子里的冰就会变成水，这种从固态变身为液态的秘技就是融解。

液态和气态之间的变身秘技，是蒸发和凝结。我们把一杯水放在桌子上，过几天再来量一下，发现杯子里的水矮了一大截，那是因为水利用蒸发秘技变身为水汽逃到空气里了。当水汽施展凝结秘技时，它就会变成小水滴，什么雨滴啦、露珠啦那些东西，就是这样鼓捣出来的。

气态和固态之间的变身秘技，当然就是凝华和升华了。水升华的最常见例子，是我们在严寒的冬天晾到户外的那些衣服。这时候虽然衣服已经被冻得硬邦邦的，但是水照样能用升华秘技将水分变走，让衣服变干。而我们所看到的霜，则是水直接从气态变成固态的凝华秘技鼓捣出来的。

从海洋到天空

蒸发的雾

一滴水学会了三态和六大秘技之后，乐得跳了起来。它感到自己面前的世界豁然开朗，浑身充满了力量，恨不得马上就将六大秘技一一施展出来，到那些它从未到过的世界去闯一闯。

为了逃离大海，实现梦想，一滴水首先上演了一出海水版的《越狱》。而对于它来说，脱离大海控制的唯一出路，就是蒸发。

一滴水曾经听说过，当水被煮开的时候，会蒸发成为大量的水蒸气。难道，蒸发需要忍受高温的煎熬吗？为了胜利，一滴水一咬牙，豁出去了，即使要忍受100℃的高温，它也干了。可是，在大海里，上哪里去找这么高的温度呢？

当不知如何是好的一滴水游荡到海面上时，它发现海水蒸发为水汽原来是那么简单。蒸发就是液体在任何温度下发生在液体表面的一种缓慢的气化现象。水蒸发成为水汽其实根本就不需要高温，只要一滴水争取游到海水的表面，和海洋上空的空气们搞好关系，空气就会敞开自己的家门，让一滴水蒸发成为水汽，溜进空气家里安家落户。

搭了一趟顺风车

怎样才能让水汽进行它的空中旅行呢？

话说一滴水变成了水汽之后，身体突然一轻脱离了海面，立刻施展浑身解数朝天空奔去。自由的感觉真是很奇妙。本来是遥不可攀的天空，现在成了一滴水的地盘。一滴水高兴坏了，既然到了天上，那不就可以跟神仙似的云游四海了吗？

然而，一滴水很快就发现，自己并不是爱到哪里就到哪里。当一滴水随着空气到了半空时，突然停在了空中动弹不得，不但飞不上更高的高空，也飞不去那遥远的陆地，就连想跳回大海里当海水也已是不可能。

原来，水汽在空中的旅行，就跟我们人类在陆地上的旅行差不多，需要搭乘一定的交通工具。这种交通工具，名叫风。正在一滴水傻乎乎地在空中发

风

呆的时候，突然来了一阵风，将它送上了更高的高空，就跟坐上了直升机似的，好玩极了。

一滴水所玩的直升机游戏其实很有名堂。将大气中的水分随着气流从一个地区输送到另一个地区或由低空输送到高空的现象，称为水汽输送。而一滴水现在所玩的属于垂直输送。

如果想到大陆去做长途旅行，光靠垂直输送是不行的，还得请水平输送来帮忙。这不，从东南方突然刮来了一阵大风。这阵大风声势浩大，几乎把一滴水刮得魂飞魄散，身不由己就朝西北方的大陆方向奔去。

当一滴水清醒过来时，脚下已经不是蔚蓝的海洋，而是一大片草绿色的大地。

惨被逼迁

发现陆地，并不等于征服陆地。身为水家族的旅行家，一滴水很清楚这个道理。

为了征服陆地，它必须实施空降。

然而，就在一滴水精心准备它的空降计划的时候，发生了一件让它一辈子也忘不了的、最令它难堪的事。当一滴水变成水汽离开海洋的时候，得到了好客的空气兄弟的帮忙，让它待在空气里面安了家。所以一滴水才能顺利地蒸发到空中，并且被输送到大陆上空。可是也是这位空气兄弟，今天突然在空中发起脾气，将一滴水赶出了家门。

空气兄弟的理由很简单，就是高空中的温度太低了，它们家住不下那么多的客人。一滴水很生气，不让住就不让住吧，干吗要拿温度做借口呢？

一滴水向来就很有骨气，既然空气里不留爷，自有留爷处。它一跺脚，就从空气里跳了出来，立刻就变成了一个无家可归的流浪者。无家可归的一滴水很快就找到了一个新的兄弟，这位更加讲义气的兄弟名叫尘埃。一滴水在微小的尘埃的帮助下，又变成了一滴水滴。一滴水心花怒放："我终于练成了凝结秘技了！"

云

更加让一滴水高兴的是，它竟然在身边发现了许许多多长得和自己一模一样的水滴兄弟。水滴兄弟们肩并肩地簇拥在一起，凭着集体的力量创造了一个白色的巨无霸——一朵白云。一滴水还发现了一件怪事，自己在大海里的时候身上带着的一种咸味，竟然不知什么时候变得无影无踪了。

在不知不觉间，一滴水已经获得了新生。

实施空降

和身边的水滴们一起，一滴水忙碌了起来。因为它知道，要想空降到地面上去，它就必须勤快点儿，再勤快点儿，再再勤快点儿……勤快干什么呢？抢地盘！打架！抓壮丁！该联合的联合，该吞并的吞并，要做的事情太多了！否则它怎么能够空降

雨云

到地面去啊？

一滴水继续施展刚刚学会的凝结秘技，把被空气赶出家门的水汽们收编到自己的旗下，让自己的个头越来越大。由于能够收编的水汽越来越少，一滴水不得不又学着其他水滴兄弟们的样子，借助着上升气流和重力的帮忙，在云里面上蹿下跳，开始了它在云朵上的征战。

一滴水的第一次战斗，是在上升气流的簇拥下，向上蹿起，试图偷袭头顶上的几滴虎头虎脑的大水滴，结果一滴水的屁股后面冷不防遭到了几滴小水滴的攻击。一滴水忙转回头，三两下子就将那几滴小家伙打了个屁滚尿流，让它们乖乖地成为了自己的部下。

一滴水的第二次战斗，是一次精彩的歼灭战。它吞并了一些小水滴之后，仗着自己的勇猛强大，借助重力的帮忙，飞快地向下落去，一路上将那些逃得慢的小水滴打了个稀巴烂，并且将它们通通补充壮大了自己。

经过了一系列的战斗，一滴水已经变得无比强大，浑身充满了力量，就连那些上升气流们对它也得客客气气的，不敢随便就将它送回高空中去。空降行动开始了，只见一滴水纵身一跃，和一大群水滴兄弟们飞身扑向了大地。

草绿色的大地上，下起了一阵毛毛细雨。

虎口脱险

一滴水经过了充分的准备之后，将自己的空降地点选择在一条小溪流里。据有经验的水滴兄弟介绍，直接空降到溪流里，是完成旅程返回大海的捷径。

经过精密的计算，并且得到风的帮助，一滴水终于准确地降落在小溪里，顺利地成为了一滴溪水，随着大家一起哗啦哗啦地流淌着。

旅途中，一滴水大饱了眼福，目睹了一头老虎和一头饿狼之间的恶斗，看着那个脑袋上写着“王”字的大家伙，将那个样子猥琐的丑八怪的身体撕碎，然后饱餐了一顿。不知道那个丑八怪的味道怎么样？一滴水一边想着，一边走着，冷不防那位老虎大哥吃饱了肚子晃晃悠悠地溜达到小溪旁，伸出虎脑袋在水边照了照自己的威武模样，然后张嘴就是一吸。一滴水连救命也没来得及喊，就咕噜咕噜地被逮进了老虎嘴巴里，顺着老虎的食道进了它的胃部，和那头狼一起成为了老虎的俘虏。

老虎胃里面的味道特别难闻。一滴水心想自己这下子可完了，一定会壮志未酬身先死了。一位杰出的海水旅行家，用不了多久就会葬身在老虎的肚子里。可是死就死吧，还得和这么丑陋的狼死在一起，那是多么糟糕的一件事。为了躲开狼，一滴水使出浑身的力气在老虎肚子里钻来钻去，只要有一线希望，它都要尽百倍的努力去拼。

小溪

时间不知过去了多久，一滴水突然觉得身体一下子轻松了，随着一股暖烘烘的水流冲出了黑暗，重新见到了可爱的阳光。

一滴水回身一看，发现自己为了从虎口脱险，已经变成了老虎的一滴尿液。

在小草体内做客

当一滴水虎口脱险之后，掉在了一块平静的草地上。然而，它立刻就发现自己掉坑里了。确切地说，它掉进土壤坑里了。

一滴水虽然被土壤吸收了，可是多亏了一棵小草的帮忙，将它从土壤里救了出来吸进自己的根部，并且经导管一直向上移动。开始的时候，一滴水还有些慌乱，可是当它得知小草并无恶意，并且答应尽快用散发来将它送回空气中去时，一滴水于是安心在小草的体内做了客。

在根压和蒸腾拉力的作用下，一滴水一直溜到了小草的叶尖。这时候已经是夜晚，天空布满了星星，一滴水第一次有了凄凉的感觉，不知道那些水滴兄弟们会不会待在那片黑色的夜空上等着自己。

树根

小草颇为好客，以太黑了为由，将一滴水留在它的体内住了一宿。到了第二天早上，太阳出来，温度升高时，小草便轻松地将一滴水散发上了天空。

在河川相会

重新回到空气中的一滴水，更是驾轻就熟。在它的怂恿和组织下，一大批的水汽纷纷团结在它的周围，迅速完成了一滴水的第二次空降行动。空降地点还是那条小溪。

这一次，一滴水吸取了教训，尽量往溪流的中间靠，顺着流水一口气漂流出了几千米，真是痛快极了！

径流

过了一个多小时，一滴水杀进了一条小河，在那里遇到了不少水滴兄弟。它们大家都只有一个信念，向东面奔去，向大海奔去。

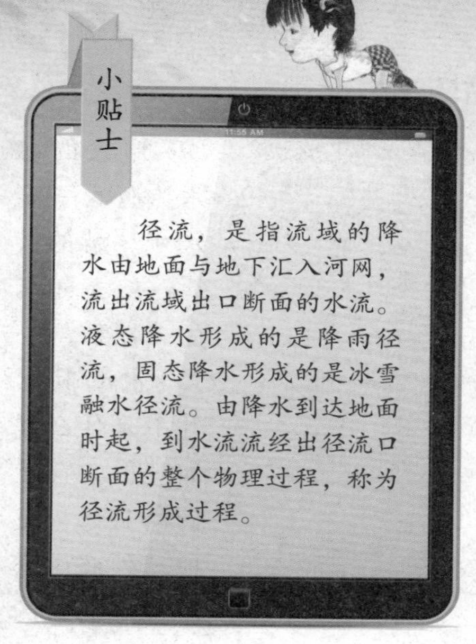

又折腾了许多天，一滴水从一条小溪里的小水滴，变成了大河里的一滴水。这个时候，它已经是在身不由己地被大家簇拥着向前跑，就是想停下来看看身边的风景再走也不行了。

又跑了一段，一滴水感觉旅行变得枯燥无味了，除了奔跑，还是奔跑，而且河流太宽了，宽得连岸边的景物都望不到。一滴水当然不知道，它的兄弟朋友们所干的这些事儿，人类都叫作“径流”。

它就这么浑浑噩噩地在河流里跑着跑着，直到有一天它突然觉得浑身都不自在，就跟好久没洗澡似的。一滴水怒目圆睁破口大骂了一句：“谁！谁干的好事！把我弄得这么脏，全身都是咸味！”

就在这个时候，它看到了一大片的蓝色，看到了那片无边无际的、它所熟悉的海洋。

地球外部圈层示意图

水圈和水循环

伟大的海水旅行家一滴水所环游的世界，就是闻名的“水圈”。

水圈其实并不是什么怪圈，它就在我们的身边，是地球外圈中作用最为活跃的一个圈层，是海洋和陆地上的各种水们组成的一个圈带。我们按照水体存在的方式，可以将水圈划分为海洋、河流、地下水、冰川、湖泊等五种主要类型。

一滴水在水圈里的旅行活动，我们人类称为“水循环”。

水循环也非常常见，它是地球上的水连续不断地变换地理位置和物理形态的运动过程。例如，我们所见到的下雨就是水循环的组成部分。

如同我们将人类的旅行分为出国游和国内游，水循环也有它自己的分类。如果像一滴水那样，从海洋蒸发到空中，并随气流进入大陆，降雨到地表，随后跟着径流重返大海，就叫作“大循环”。

如果一滴水刚变成水汽溜到空中，来不及做空中旅行就变成雨滴落回大海，就叫作“小循环”。小循环又分为海洋小循环和陆地小循环。

那么你知不知道，河水天天都向东面流，为什么怎么流也流不尽呢？河流的水天天都被灌到大海里，可是大海为什么怎么灌也灌不满呢？

五、亚马孙河讲述的故事

亚马孙河，也有人翻译为亚马逊河，位于南美洲，是世界上流量最大、流域面积最广的大河。也就是说，这条南美洲的亚马孙河是河流中的大哥大，比我们的长江、黄河还要牛。

2005年秋季，当我们怀着激动的心情来到亚马孙河，期待着一睹这位河流界老大的风采时，却惊讶地发现，它正遭遇着40年来的最大一次旱灾。

替河流量度身长

亚马孙河

由一定区域内地表水和地下水补给，经常或间歇地沿着狭长凹地流动的水流，就是河流。它是地球水圈里五种最主要的水体存在的方式的一种。我们还给不同的河流起了许多不同的名字，比如规模比较大的大个子，我们就会称它们为江、河、川、水，那些规模比较小的小不点儿，我们就会称它们溪、涧、沟、渠。

想量度一下河流的长度吗？那我们就必须先把河流的河源和河口找出来。

河源是指河流的发源地。河流们的河源情况并不一样，有的可能是一眼清甜可口的清泉，有的可能是一个平静的湖泊，或者是脏兮兮的沼泽地，甚至是冷得我们都不敢去溜达的冰川。我们沿着亚马孙河一路寻找，发现它发源于秘鲁境内安第斯山脉科迪勒拉山系的东坡。它的河源有两处，大家都认为，其中的马拉尼翁河是它真正的河源。

河口是河流的终点，是河流汇入海洋的地方。如果这条河流并没有直接流入海洋，那么它流入其他河流、湖泊、沼泽或者其他水体的地方，也可以被称为河口。亚马孙河的河口在大西洋，河口在入海处最宽大约有 330 千米，每年从这里流到大西洋去的水量达到 6600 立方千米，相当于世界河流注入大洋总水量的六分之一。

河流是些什么东西？为什么它缺水了我们反而要倒霉呢？就连最牛的亚马孙河也嚷嚷着缺水，这是怎么回事？导致亚马孙河干旱的幕后黑手到底是谁？

黄河源

亚马孙河的河源和河口都找到了，我们就可以用尺子去量一量它的长度。

什么？你找不到那么长的尺子？呵呵，幸亏这件工作早就有人做好了。亚马孙河的长度达到了 6440 千米，比号称世界第一长河的尼罗河只短了 200 多千米。

创造一条河流

大自然想要创造一条河流的时候，必须干好三件大事。

第一件大事，就是要替河流造一个河床，也就是弄出一个让河水们待着的地方。这河床更像是一条槽，通常是水流经过很多年的冲刷雕琢出来的。

第二件大事，就是替河流找到水源。如果没有水，河床造得再漂亮也是白干。

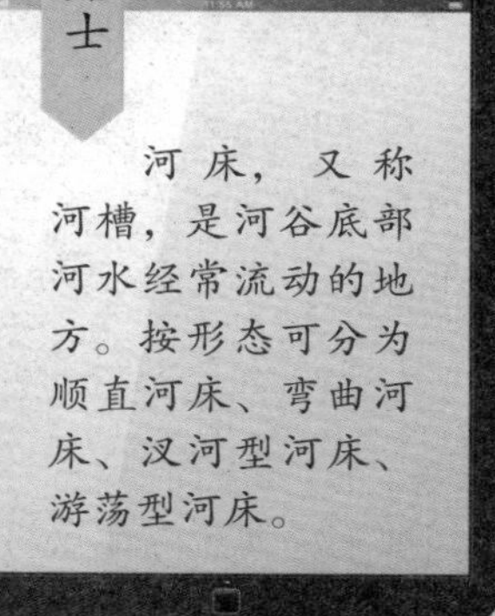

河床，又称河槽，是河谷底部河水经常流动的地方。按形态可分为顺直河床、弯曲河床、汊河型河床、游荡型河床。

河床

最容易得到的水源是雨水。哗啦啦的雨水从天上落下来，直接落进河床里，就变成了河水。还有那些落在集水区域的雨水们，也有很大一部分汇集到河流里，随着河流一起向前奔流。

除此以外，冰川、积雪的融化，山区的湖泊，甚至是地下水们，都可以作为水源，补充到河流里面来，让河流可以川流不息。

第三件大事，就是让河流流动起来。由于水有着从高处往低处流动的好习惯，这事情就好办多了。例如在我国，大自然将西面的地势造得高高的，东面的地势造得低低的，河流们于是就纷纷从西向东流去，一点儿牢骚都没有。

给河流们划分地盘

要解决河流的地盘纷争，还得让大自然来说了算。大自然在创造河流的时候，也将河流各自的地盘划分好了。它定了一条铁的规矩，让各条河流都在自己的流域范围活动，不能跑到别人的地盘上捣乱。

世界上那么多河流，它们会不会为了抢地盘而打架呢？

亚马孙河流域

那么流域是什么呢？河流的水，是从四面八方汇集到一起的。大自然说了，只要这个范围的水都愿意跑到某条河流里，这个范围就可以作为这条河流的集水区。而集水区所占的面积，就是这条河流的流域。

为了让河流们互相之间不至于打架生事，大自然还用山岭或者高地将两个流域分隔开，这些山岭或者高地被叫作分水岭。

规矩定好了，流水们于是就忙开了。它们静悄悄地汇集到一起，开始的时候还只是一些小溪流、小河流，后来闹得越来越浩大，越来越势不可挡。

在亚马孙河流域，无数的小溪小河最终竟然鼓捣出了一条6000多千米长的河流巨无霸。

寻找我们的母亲河

有意思的是，黄河、亚马孙河、莱茵河、泰晤士河这四条河流都被称为母亲河，这是怎么回事呢？

地球人都知道，想好好活着，没有水可不行。在远古的时候，人类远不如我们现代人聪明，没有自来水，甚至连挖井取水这么简单的方法都不知道。为了生存，他们不得不聚居在河流附近。为什么？因为吃的喝的用的水都要到河里面取，如果住的地方离河流远，难道你来替他们背水回家吗？

请问，下面这些河流，哪条是母亲河呢？

A. 黄河

B. 亚马孙河

C. 莱茵河

D. 泰晤士河

黄河

所以，一些河流流域往往就成为了文明的发源地。例如早期的中国先民就在黄河流域生活、劳动和繁衍。全靠黄河的帮忙，我们才有了这么灿烂的华夏文明，所以我们中华民族将黄河称为自己的母亲河。

如此一来，你有你的母亲，我也有我的母亲，世界各国就有了各国自己的母亲河。巴西的母亲河就是亚马孙河，德国的母亲河则是莱茵河，而英国的母亲河是泰晤士河。还有那些恒河、印度河、密西西比河、伏尔加河等等，都被当地人视作自己的母亲河。

我们数都数不过来的母亲河们正说明了这样的一个事实：河流对于人类文明是何等的重要！

谁是最牛的河流

虽然亚马孙河只有一条，可是世界上大大小小的河流多如牛毛。据统计，仅仅是在我国境内，流域面积在1000平方千米以上的河流就有1500多条。

如果比长度，最牛的是尼罗河。尼罗河发源于赤道南部的东非高原上的布隆迪高地，全长6670千米。如果我们沿着尼罗河每天走10千米，那需要667天才能从

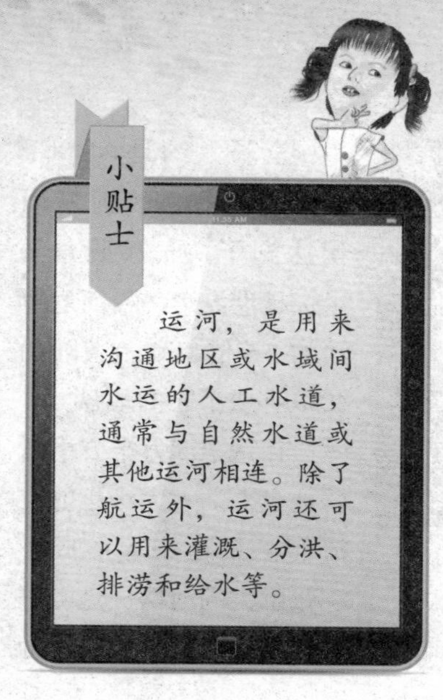

河源走到河口。

同样是比长度，在我国最牛的是长江，它的全长达到6300千米，是世界第三大长河，但也和尼罗河、亚马孙河没法比。

如果以流经的国家的多少来计算，那么多瑙河最牛。多瑙河是欧洲第二大长河，发源于德国西南部的黑林山的东坡，沿途经过奥地利、斯洛伐克、匈牙利、克罗地亚、塞尔维亚等10个国家，在乌克兰注入黑海。

世界上最牛的运河要数我国的京杭大运河，因为它是世界上开凿时间最早、里程最长、工程最大的运河，它从北京一直通到杭州，全长达到了1700千米。

只要我们用心去数一数，还能数出更多的最牛的河流来，比如海拔高度最牛的是雅鲁藏布江、含沙量最牛的是黄河等等。

尼罗河

而亚马孙河呢？它创造了两项最牛的纪录：流域面积最牛！流量最牛！

说说亚马孙河的牛事儿

安第斯山脉

全长大约是6440千米的亚马孙河，流域面积达到了705万平方千米，是世界第一长河尼罗河的2.5倍，南美大陆的40%都成了它的地盘。

在这705万平方千米的地盘上，大大小小的支流们汇集在一起形成了一张巨大的河网，流经巴西、哥伦比亚、秘鲁、玻利维亚、厄瓜多尔、委内瑞拉、圭亚那等国家全部或部分领土。

每年，从亚马孙河前赴后继地涌进大西洋的流水，大约是6600立方千米，相当于全世界河流注入大洋总水量的六分之一。最要紧的是，这6600立方千米水量全是我们人类轻易就可以利用的淡水资源。

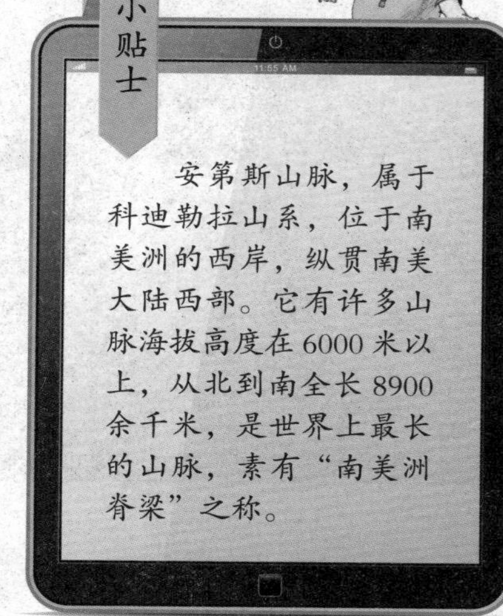

亚马孙河之所以这么牛，是因为它本来就地盘最多，而它的那些地盘大部分属于热带雨林气候，温暖、潮湿和多雨，每年的降雨量达到2000毫米以上。

亚马孙河流域这么大量的降雨又是从哪里来的呢？它每年奉献给大西洋的那6600立方千米水量也不是白给的。大西洋的海水蒸发成为水汽，然后横穿南美洲，在安第斯山脉的东坡遭到堵截，被迫上升。由于大自然如此巧妙的安排，导致这些来自大西洋的水汽们被冷却，形成了大量的降雨。

正是大西洋和亚马孙河的这种默契的合作，造就了亚马孙河这条世界流量最大的河流。

神奇的生命王国

亚马孙河流域是世界上公认的最神秘的“生命王国”。在亚马孙雨林里，我们到处都可以找到遮天蔽日的参天大树，各种各样的鸟兽虫鱼，因为这里蕴藏着世界上最丰富的生物资源，昆虫、植物、鸟类及其他生物的种类多达数百万种。最牛的是，其中许多是这里独有的，甚至是科学上还没记载的。

以下哪一种是亚马孙河流域最重要的生物？

A. 橡胶树，能换很多钱。

B. 金刚鹦鹉，不用化妆就可以上台演京剧。

C. 电鱼，最环保的供电来源。

D. 人类，掌握着亚马孙河的生死。

亚马孙雨林

亚马孙雨林的植物大明星有香桃木、棕榈、金合欢、黄檀木、巴西果及橡胶树，还有可以做优质木材的桃花心木和亚马孙雪松。

在我们眼里，也许动物大明星们比植物大明星要有趣得多，它们是美洲虎、海牛、貘、红鹿、水豚、树懒、蜂鸟和猴子等等，都是好玩的家伙。凶猛的美洲虎是这里的王者，不但是陆地上的出色猎手，还是一位游泳高手，能够潜到水里追逐鱼儿。在这里，我们还能够找到一种名叫金刚鹦鹉的鹦鹉，它不但体型大力气大，而且是模仿人类说话的专家，还长着一张像我们的京剧脸谱那样的鸟脸。

在亚马孙河里，我们还能够找到至少2000种淡水鱼类，其中包括了电鱼和鲇鱼这两大身怀绝技的高手。电鱼看东西不用眼睛，是靠带电的器官在身体周围产生电场来判断方位。而鲇鱼也能感受到电，身上还布满了味蕾，它们到处游荡的时候根本就不需要带上眼睛。

亚马孙河没水喝

2005年秋季，当人们来到亚马孙河，想像往常那样，坐着船儿沿河游览个痛快的时候，他们失望了。亚马孙河竟然遭遇到了40年来最大的旱灾。世界流量第一的亚马孙河的河里面，竟然缺水了。

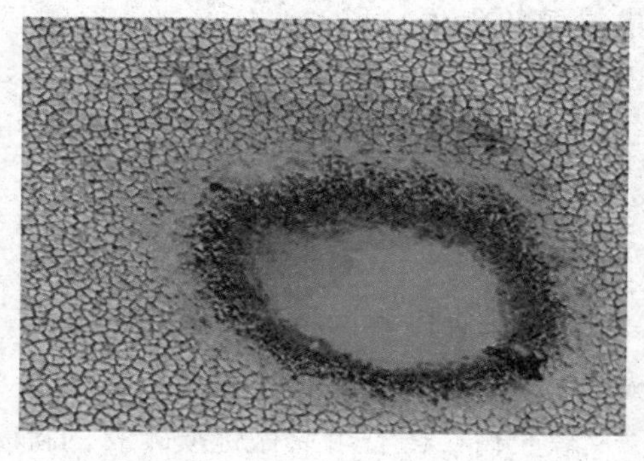

亚马孙河流域，接近干涸的库鲁阿伊湖湖底

由于亚马孙河流域持续的干旱无雨，导致该河及其支流水位大幅下降，已经达到了1963年以来的历史最低点。亚马孙河流域内的城镇交通因此受到影响，这时候想坐着游船优哉游哉地玩个痛快成了一件难事了。

事情还不止妨碍了交通这么简单，因为这次旱灾所造成的森林火灾危险和公共健康以及各种安全问题严重威胁了沿岸的16个城市，亚马孙热带雨林的生态环境受到了极大的挑战。

河里缺水，那些鱼儿们怎么办？电鱼和鲇鱼们不带眼睛没关系，可是不带水那可就真是要了命。雨林里缺水，不但是树没法活，那些什么美洲虎、海牛、貘、红鹿、水豚、树懒、蜂鸟和猴子们，通通都要完蛋。

曾经宽阔的水面，现在竟然成了沙漠，这到底是怎么回事呢？

雨林减少是不是亚马孙河的致命杀手

我们知道，森林是我们人类的一种重要的经济资源。人类想活得好好的，砍树是一件直截了当的事，把树砍下来就能换钱，换吃的换喝的换用的换玩的。亚马孙雨林里的树不是又大又多吗？于是，大家都跑到亚马孙雨林，拼命地砍起树来。

然而，砍树虽然可以暂时改善一下大家的生活，可是胡乱砍树就会造成巨大的危害，甚至会导致灾害的发生。

被人类砍伐的树林

为了更加方便砍树，在亚马孙河流域的砍伐者们甚至采取了“选择性砍伐”，也就是零星地、有选择地砍伐森林里有经济价值的木材，不但可以专挑好的木材来砍，而且还不容易引起官方的注意，即使是高悬在太空上的卫星也不容易发现。这种可恶的“选择性砍伐”给这里的热带雨林造成了巨大的破坏。

据报道，近年来，亚马孙河流域的热带雨林面积在急剧减少。据统计，从2003年8月到2010年8月，巴西亚马逊地区的热带雨林减少了大约20万平方千米，接近10个阿尔巴尼亚的国土面积。

科学家们对热带雨林做了大量的研究工作，认为雨林能够留住足够多的水，我们就有足够的水的循环和能量的循环。如果雨林遭到破坏，将会导致整个地区的气候发生变化。科学家将雨林带来的相关效应称为“绿色海洋效应”，因为它就像一个提供水蒸气的海洋。如果连海洋都没了，上哪儿找水去？那些水蒸气啦降雨啦这些东西，更是想都不用想了。

砍的是树林还是人类自己

2005年，居住在亚马孙河流域的人们遭遇了大自然所发出的一次严重的警告。这次40年来最严重的旱灾让大家全都傻了眼。

砍伐树林，目的当然是为了能让自己和家人过上好日子，可是他们的日子却遭遇了前所未有的困境。

亚马孙河是人们赖以生存的基础，是他们的生命支柱。长期以来，亚马孙河流域的人们靠着这条母亲河的恩赐过着舒舒服服的日子。渴了，人们问亚马孙河要水喝；饿了，人们问亚马孙河要吃的；出门溜达，人们连路都不用走，驾着小船儿在河流中穿行，那是何等的逍遥自在……

人类近乎疯狂的砍树行动，砍的到底是树林还是人类自己呢？

可是，干旱这个魔鬼降临到亚马孙河上，缺水，大量的鱼儿死亡，腐烂的死鱼将水源污染，将河水变成了臭水，吃的、喝的、交通、健康等等无数的问题一下子都摆到了人们的面前。

到了这个时候，人们才知道缺水原来是那么严重的一个大问题。

事实上，干旱并不是亚马孙河自己的事。亚马孙河的故事正在地球上的许多条河流中上演着，并且威胁着人类的生存与发展。

2012年，大自然又跟人类开了一个天大的玩笑。亚马孙河不再缺水了，而是被太多的水撑破了肚皮。这一次，在亚马孙河流域的巴西发生了一场50年不遇的洪水灾害。洪水不仅淹没了亚马孙河流域，而且部分一向气候干旱的地区也没能逃过洪水的袭击。

六、海纳百川还是藏污纳垢

地球人都知道，海水是咸的，谁喝了它那可是自讨苦吃。它也不能用来洗澡洗衣服，因为洗完了比没洗还要脏呢。它更不能用来浇灌植物，因为那样干等于是谋杀……

据说，海洋的肚量最大，不管什么都可以义无反顾地吞进肚子里……

悄悄地，让我们也跑进海洋的大肚子里面去看个究竟……

老好人做错了吗

海洋这位老好人还能够继续海纳百川下去吗？

在我国有一个成语是“海纳百川”。我们知道，“纳”是容纳、包容的意思，“川”指的是河流。这个成语的意思是大海容得下成百上千条江河之水，比喻包容的东西广泛，数量巨大，用来形容人的胸怀宽广，肚量无限。

当我们来到大海，发现大海的这种“海纳百川”的肚量竟然让它吃到了苦果，纳出了毛病。

对于海洋，人类似乎特别慷慨，不管什么垃圾都愿意往它肚子里扔。而海洋呢，也一如既往地“海纳百川”。海

被污染的海水

洋对人类的胸怀特别广阔，以至于令自己成为了替人类藏污纳垢的垃圾场。大量的有害物质进入到海洋，经过了许多年的日积月累之后，人类竟然改变了海洋原来的状态，使海洋生态系统遭到了破坏。

这样一来，别说是海洋，连人类自己也坐不住了。海水一旦遭到污染，不但海洋倒霉，鱼儿倒霉，我们人类也要吃不了兜着走。

地球上的大哥大

四大洋

在地球水圈里，海洋是当之无愧的巨无霸和大哥大。全部水体的总储量中，有96.5%归海洋所有。海洋拥有了地球表面最大的地盘，大自然将地球表面70.9%的地方都划归到它的旗下。

海和洋虽然都是地球上广大连续咸水水体的总称，但是它们并不是指同一样东西。

洋，是海洋的中心部分，是海洋的主体，约占海洋面积的89%。洋离开陆地比较远，面积也特别大，水特别深，而且颜色也特别蓝。如果说海洋是地球上的大哥大，那么洋就是海洋大哥大里面的大哥大。

那么，地球上有多少洋呢？我们人类脑瓜子一转，将地球上的洋划分成了四大洋，它们就是太平洋、印度洋、大西洋和北冰洋。

太平洋就在我们中国的东面，形状像个椭圆，庞大得占掉了地球面积的三分之一，是世界第一大洋。大西洋是地球第二大洋，位于欧洲、非洲与南、北美洲和南极洲之间。印度洋就小多了，位于亚洲、非洲、南极洲和大洋洲大陆之间。最小的洋是北冰洋，不过它也是最不好惹的，想跑到它那里去玩，必须经受得住严寒的考验。

海纳百川的海

海，在洋的边缘，是大洋的附属部分，面积约占了海洋的11%。海比较靠近大陆，面积狭小，水比较浅，颜色也比较浑浊。

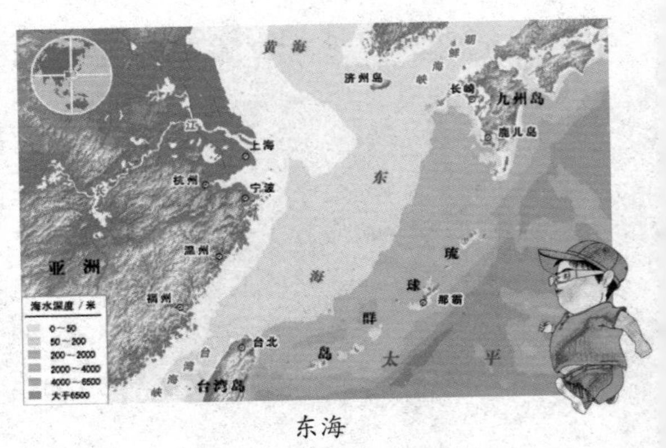

东海

海虽然在洋的面前威风不起来，可是在我们人类这里，它就成为了博大的象征。比如我们用“海阔天空”形容像海一样辽阔，“海量”就是说人心胸广阔或者酒量很大，“人山人海”表示人特别多。

由于海离大陆比较近，所以我们比较容易去海那里玩耍，而海也更多地受到了陆地的影响。例如，当陆地进入多雨季节的时候，靠近大河入海的地方，海水就变淡，而且会因为河流带来的泥沙而变得混浊。

世界上主要的海有近50个，要将它们都数一遍可不是一件容易的事。我们可以将这些海分为边缘海、内陆海和地中海三种类型。

那些横在大洋和大陆中间的就是边缘海，像我国的东海、南海就是太平洋的边缘海。边缘海的一边是大陆，另一边是半岛、岛屿或者岛弧与大洋分隔。边缘海虽然和大洋隔开，可是海水在它们之间跑过来跑过去一点儿阻碍都没有。

内陆海就不同了，它们深入到了大陆内部，只能够通过狭窄的海峡和大洋或者其他海进行一点小交往。

地中海位于两个以上大陆之间，有浅的海峡与大洋相连，它的深度几乎能够与大洋来比。

海水为什么是咸的

如果海水不是那么咸，人类的淡水资源紧缺问题就不成问题了。其实，这并不是白日做梦，因为最早期的海水还真的不是咸水。

如果海水都是淡水，那多美啊！可是，海水为什么是咸的呢？

早期的地球，因为气温太高，水分都变成水汽傻乎乎地在天空待着，把天空搞得乌云密布、天昏地暗。随着气温的降低，这些被困在空中的水汽们才好不容易变成雨落到地面。大量的降雨汇集成了包括原始海洋在内的各种各样的水体，而这个时候的海水并不是咸的，而是带点酸性的。

往海洋里搁了无数的盐，使海水变咸的，是陆地和海底岩石。

地球上的水分不断蒸发，然后变成降雨回到地面，它们把陆地和海底岩石里的盐分溶解掉，不断地加入到海水中。即便是海水已经咸得不能喝了，它们还是乐此不疲地干着这种往海水里加盐的事儿，一干就干了几十亿年，海水不变成咸水才怪呢！

计算海水里有多少盐是个有趣的问题。据说，如果谁闲着没事干，能够将海水里的盐全部提取出来平铺在陆地上，就可以将陆地的高度增加153米。或者，他不愿意提取盐，而是将海洋的水全部赶回天上去待着，海底就会积上60米厚的盐层。

海底岩石

海水做运动

别看我们平时所见到的海洋是温顺的、文静的，那只是因为海水们做运动的时间还没到。当海水运动起来时，那场面可壮观了。

当海水受到海风或者气压变化的影响，会促使它离开原来的平衡位置，而发生向上、向下、向前和向后方向的运动，形成海上的波浪。

海浪

在海边观浪是一件十分刺激的事儿。当年三国时的曹操就干过这种事，并且写下了《观沧海》这样的壮丽诗篇。当波浪涌上岸边的时候，你千万别眨眼。这时，由于海水深度愈来愈浅，下层水的上下运动受到了阻碍，受物体惯性的作用，海水的波浪于是一浪叠一浪，一浪高过一浪，一浪盖过一浪，好看极了。

波浪在继续向岸边涌来。随着水深的变浅，下层水的运动所受阻力越来越大，到最后它的运动速度慢于上层的运动速度，受惯性作用，波浪最高处向前倾倒摔到海滩上，成为了飞溅的浪花。

航船在大海上遇到海浪，那可不是一件什么好玩的事儿。如果我们不习惯，被海浪摇摇晃晃地折腾几下，就会晕船，恐怕连隔天吃的海鲜大餐也得吐个一干二净。而海浪一旦疯狂起来，那就什么人的面子也不会给，能够掀起几十米高的巨浪。像吞噬航船、破坏海堤等等坏事，海浪时不时也会干几件，让人们时刻都得提防着它，躲着它。

我们和海水有个约会

你看过海吗？我的意思是说，不是随便地瞅一眼，而是静静地待在海边，认真地观察海的动静。你要是这样做过，你一定会发现海水有些奇怪的变化。

这几个小时，海水们就跟赶着来凑热闹似的，纷纷涌向岸边，越涌越多，越涌越高。可几个小时后，海水们却像玩腻了，没精打采地渐渐退去，把淹没的沙滩和礁石又还给了我们。人们把这种海水垂直方向的涨落称为潮汐。

海边礁石

要想找潮汐算账，那得找到月亮和太阳头上，地球上的海洋的潮汐现象都是月亮和太阳的引潮力的作用鼓捣出来的。

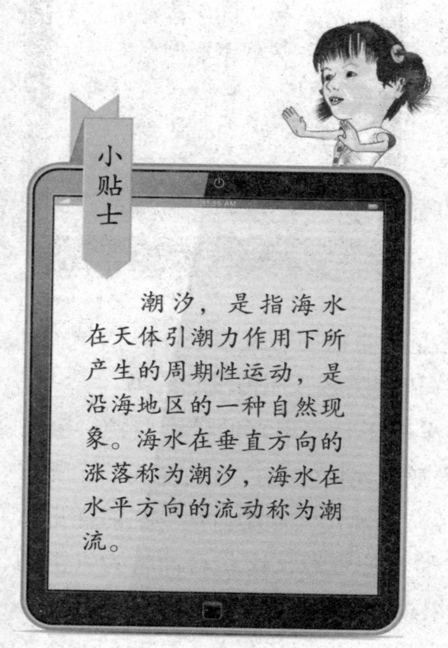

稍微有点知识的地球人都知道，宇宙间任何两个物体都有互相吸引的万有引力。像月亮和太阳这两个家伙，一个巨大无比，一个就在地球旁边晃悠，所以它们的万有引力对地球的影响最大。月亮和太阳对海水的吸引力又会随着它们离海水的远近不同而发生变化。

我们知道，地球是在不断自转着的，导致海水在不同的时间里离月亮和太阳的距离发生有规律的变化，月亮和太阳对海水的吸引力也随之发生变化。于是，海水就被月亮和太阳这两个家伙弄得跟约好了似的，一会儿涨潮，一会儿退潮，形成了我们所看到的潮汐。

在海洋中寻宝

潮汐发电

海水虽然是咸的，不能拿来吃喝，但是海洋里却藏着无数的宝贝。

我们人类不能吃喝海水，可是大量的海洋生物却喜欢在咸水里安居乐业。在全世界的水产品中，有85%左右产于海洋，这些水产品以各种各样的鱼类为主，还有味道鲜美的贝壳类、藻类等等。这些海洋生物们并不是只能给人类解解馋这么简单。据统计，仅仅是位于近海自然生长的海藻，年产量就相当于目前世界年产小麦总量的15倍以上。如果把这些藻类都加工成为食品，可以为人类提供充足的蛋白质、维生素和矿物质。只要我们和海洋搞好关系，还怕没吃的吗？

小贴士

海藻，生长在海洋中的藻类，是植物界的隐花植物，包括数种不同类以光合作用产生能量的生物，例如我们餐桌上的紫菜、海带等。

海藻

在海洋里还有着丰富的矿产资源。就拿石油来说吧。我们知道，石油是我们人类重要的能源，是现代工业的血液。在海洋里蕴藏着大量的石油资源，这些石油将为人类的发展提供越来越多的能源和原材料。

在海洋的咸水里面还藏着一些我们意想不到的宝贝。有人计算过，如果我们将1立方千米海水中溶解的物质全部提取出来，就可以得到9.94亿吨淡水。然后呢，海水还向我们送上下面这些价值不菲的赠品：食盐 3052 万吨、镁 236.9 万吨、石膏 244.2 万吨、钾 82.5 万吨、溴 6.7 万吨，以及碘、铀、金、银等，全都是可供我们人类使用的好宝贝。

海洋给我们人类所带来的宝贝还多着呢，比如海洋的潮汐能、波浪能、海流能、温差能、盐差能、海风能等等，都可以向我们提供取之不尽的能源；美丽的海洋是我们观光旅游的好去处；海洋提供的运输线是我们交通运输的重要资源……

我们给了海洋什么

海洋给了人类那么多好东西，人类给了海洋什么呢？

A. 替海洋消灭了好多讨厌的生物，例如鱼、虾，贝壳。

B. 人类吃剩的喝剩的都慷慨地送给海洋。

C. 将冰川融化，为大海输送更多的海水。

D. 从地壳里面挖出来的石油。

海洋石油钻井平台

海洋给了人类那么多的好处，人类和海洋之间应该是相处得非常融洽才对。然而，人类的日子过得好了，发展得快了，反而给海洋带来了灾难。各种各样的污染物通过我们人类的手，源源不断地流入慷慨的海洋。

2003 年 11 月 13 日，“威望号”油轮在西班牙海域搁浅的时候发生了泄露，导致 400 千米海岸遭受了严重的污染。这一次不但大海倒了大霉，海里的生物也全都遭了殃。而这一次，仅仅是无数次海洋污染事故中的一次。

污染事故虽然是偶然的，是突发的，可是大量的污染物排放却不是意外事故。

例如我们种植农作物的时候，为了有好的收成，往往使用大量的化肥和农药。这些化肥和农药会随着河流的流水进入到海洋中去，成为海洋污染中的一个重要的污染源。

人类在石油开采、运输、炼制及使用过程中，直接或者间接地将石油及其产品注入大海。这些石油虽然可能来自海洋，可是海洋也抵受不住它们的毒害。海洋的生态环境在这些石油污染物面前越来越脆弱，而我们并不知道，像这样的日子，海洋还得忍受多久。

海洋里的红色幽灵

赤潮

在海洋里，除了石油污染外，另一种以颜色出名的污染也是人尽皆知，它的名字叫作“赤潮”。

赤，就是红色的意思。赤潮又被称为红潮，是海洋生态系统中的一种异常现象，是由海藻家族中的赤潮藻在特定环境条件下爆发性地增殖造成的。也就是说，这些赤潮藻突然发了疯，飞快地繁殖，搞得大家都不得安宁。由于引发赤潮的生物种类和数量的不同，海水有时也呈现黄、绿、褐等不同颜色。

海洋遇到了赤潮，当然不是一件好玩的事。赤潮不但使海水变成了红色，而且使大量的赤潮生物纷纷涌到了鱼儿们的鳃部，使这些鱼儿们因缺氧而窒息死亡，所以赤潮的出现首先就令海洋里的鱼类遭了殃。

赤潮生物们坏透了，即使是死掉之后，这些藻类在分解过程中也需要大量消耗水里面的溶解氧，把氧气从其他海洋生物手中抢走，还会释放出大量的有害气体和毒素，对海洋环境造成严重的污染，把海洋正常的生态系统搞得一塌糊涂。

赤潮的出现，其实还是和我们人类的活动有关。由于人类的活动，使大量的含有各种有机物的废污水排入海洋，促使海水富营养化，赤潮藻类因此得以大量繁殖。

认识海洋污染

海洋污染，通常是指人类改变了海洋原来的状态，使海洋生态系统遭到破坏。

所谓海纳百川，也就是说海洋将所有河流的水都纳入了自己的怀抱。而海洋在海纳百川的同时，也将所有河流所带来的好的和坏的东西都全部收进自己的肚子里。实际上，海洋的这种大度不单只是对河流，就算是人类所排放到空气中的污染物，最终也是通过降雨等形式，全都归入大海。海纳百川的海洋，竟然变成了替人类藏污纳垢的肮脏地。

污染物一旦到了海洋里，那可就找到了它们的广阔天地。因为海洋并不是静止不动的，它们不但有涨潮和落潮两种水平运动，还会以洋流这种运动方式到处跑。污染物到了海洋里，就会随着海洋的这些运动到处瞎逛，加上海洋的地盘特别大，我们想把它们逮回来就成了一件非常困难的事。

被垃圾污染的海洋

海洋污染非常可恶，我们人类，

被垃圾污染的海洋

还有海洋自己，都在想法子来对付它们。

当污染物进入到海洋的时候，海洋会以自己庞大的海水军团去将它们稀释掉消化掉。只要进入海洋的污染物不是太多,海洋的这种自我清洁的能力还是足以应付的。

而我们人类呢，想封堵住所有的污染物，阻止它们流入海洋是不可能的，关键在于我们要将污染物的排放量控制在海洋可以接受的范围内，千万别把海洋当成垃圾场，想扔多少垃圾就扔多少垃圾。只有这样，人类和海洋的故事才能讲述得更加长久，更加动听，海洋的海纳百川才不会变成藏污纳垢。

七、喜马拉雅山冰川消失之谜

喜马拉雅山，耸立在青藏高原南缘，分布在我国西藏和巴基斯坦、印度、尼泊尔、不丹等国境内，它的主要部分在我国和尼泊尔交界处。

喜马拉雅山是世界上最高的山。当我们站在喜马拉雅山上，所看到的是白茫茫的一片片的冰川。据说，这里的 1.5 万处喜马拉雅山冰川组成了一个独特的水库，为终年流淌的印度河、恒河、布拉马普特拉河提供了水源。这些河流是南亚国家十几亿人的主要饮用水来源。也就是说，这十几亿人喝的都是从喜马拉雅山冰川里来的水。

正当我们为伟大的喜马拉雅山而感慨激动时，科学家却告诉了我们一个更加让人震惊的消息：喜马拉雅山冰川有可能在 2035 年完全消失。

喜马拉雅山的冰川为什么会消失？如果冰川消失了，南亚十几亿人上哪里喝水去啊？

冰川是不是一个稀罕物

冰川，又被称为冰河。

川，就是河流的意思。当我们说到“川流不息”这个词语时，意思就是像水流一样连续不断地行进。普通的河流我们见得多了，河里面哗哗地流淌着的河水当然是液体的。而冰川却是一个大怪物，它里面流着的虽然也是水，但却不是液体水，而是固体水，也就是冰。

科学家告诉我们，冰川是一种巨大的流动固体，是在高寒地区由雪再结晶聚积成巨大的冰川冰，因为重力的作用而流动，成为冰川。

千万别以为冰川是个稀奇古怪的东西，其实在地球上，冰川所霸占的地盘是地球陆地面积的10%左右，而且冰川冰储水量占了地球总水量的2%，相当于全世界淡水总量的四分之三。所以，在地球上，冰川绝对不是一个稀罕物，只不过由于它所待着的地方比较特殊，

喜马拉雅山

喜马拉雅山的冰川

气候条件都是像喜马拉雅山那样，特别寒冷，别说是我们人类了，就算是那些喜欢到处爬山玩耍的动物们也很少到冰川那里去做客。

在地球漫长的历史上，还曾经出现过三次气候寒冷的大规模冰川活动的时期，其中的第四纪的大冰川时代，就是我们看电影时常常看到的冰河时代。在那些时期里，冰川更是耀武扬威得厉害，全球有三分之一以上的大陆都被冰雪覆盖着呢。

冰川诞生记

冰川要诞生到这个世界上来，选择一个好的诞生地点至关重要。冰川其实也就是水的一种存在形式，是降雪变化而来的。如果这些降雪落到地面上时融化掉，那么这冰川的诞生行动就失败了。所以，冰川所选择的诞生地必须是特别寒冷的地方，常年温度至少是在0℃以下。而我们知道，地球上最寒冷的地方是北极和南极，此外就只有海拔比较高的高山了。

冰川选好了诞生地之后，冰川诞生的故事就开始了：

话说，雪花飘呀飘呀，飘落在那些极其寒冷的地方，变成了积雪。由于那些地方的气温实在是太低了，这些积雪怎么都融化不掉。时间一长，那些经过多年而融

化不了的雪花们再也无法保持它们花儿般的美貌，渐渐地变成了一粒粒白砂糖似的小小的雪球。我们称这些小雪球为“粒雪”。

插问 你知道冰川是怎么形成的吗？为什么我们生活的地方看不到冰川？

南极风光

变成了粒雪之后，它们也不能傻待着。随着时间的推移，大大小小的粒雪们拥挤在一起，你压着我，我踩着你，硬度和它们之间的密度不断地增加，它们中间的孔隙也不断缩小，以至消失掉，弄得分不出你我来。这个时候，雪层的亮度和透明度都会逐渐减弱，一些空气也被封闭在里面，形成了冰川冰。

最初形成的冰川冰是乳白色的，可是当它们年纪大了变成了老油条的时候，冰川冰会变得更加晶莹透彻，成为带有蓝色的水晶一样的老冰川冰。

有了冰川冰，创造冰川的事情就好办多了。冰川冰在重力的作用下，沿着山坡慢慢地流下来，在流动的过程中逐渐地凝固，这样就形成了冰川。

冰川运动会

如果我们来给冰川们召开一次运动会，那么这个运动会上大概只有一个项目，就是“流动”。科学家们经过观察，发现冰川们虽然都是固体，但并不是傻乎乎地待在原地不动，而是缓缓地向前“流动”着。

插问 猜猜看，冰川是静止的还是运动的呢？

在1827年，曾经有一位地质工作者在阿尔卑斯山上的冰川上修建了一座石头小屋。13年之后，这座小屋竟然向下游移动了1428米。当然了，小屋自己没长脚也不会跑，会跑的是小屋下面的冰川。由于小屋是建造在冰川上的，所以冰川想要向下流动，小屋就只好跟着它们一起走了。

冰川运动会的比赛还需要有非常大的耐心，因为冰川们运动的速度非常慢，看它们做运动，那比看蜗牛比赛跑步还要闷。据观察，冰川运动的速度每天平均只有几厘米。就算是它们当中的运动健将，每天最牛也只不过跑动几米。所以，如果我们没有经过长时间的细心观察，通常发现不了冰川原来是在运动着。冰川在运动的时候，还有一个和水流相似的毛病，中间流动得快，两边流动得慢。

格陵兰岛

要看跑得快的冰川，那就要到格陵兰岛上去，因为格陵兰岛上的一些冰川是出了名的运动高手，每年的流动速度能够达到1000多米。

冰川一家子

在冰川的世界里只有两大家族，一个是大陆冰盖，另一个是山岳冰川。

在南极，还有北极圈里的格陵兰岛，冰川是发育在一片大陆上的，所以被我们称为大陆冰盖。

大陆冰盖最为声势浩大，全世界大约有1500多万平方千米的冰川，南极和格陵兰岛的大陆冰盖就占了1465万平方千米。即使是在自己所待着的大陆上，这些大陆冰盖们照样是霸气十足，不管是高山、平原还是深谷，大陆冰盖通通都把它们掩盖起来。

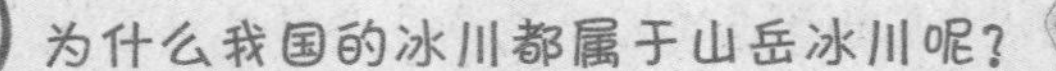

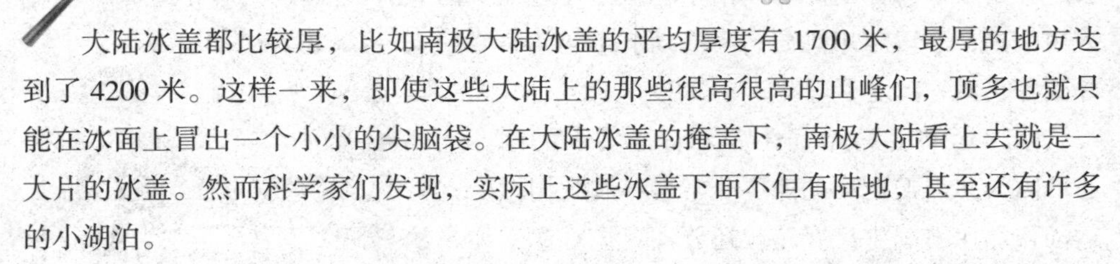

大陆冰盖都比较厚，比如南极大陆冰盖的平均厚度有 1700 米，最厚的地方达到了 4200 米。这样一来，即使这些大陆上的那些很高很高的山峰们，顶多也就只能在冰面上冒出一个小小的尖脑袋。在大陆冰盖的掩盖下，南极大陆看上去就是一大片的冰盖。然而科学家们发现，实际上这些冰盖下面不但有陆地，甚至还有许多的小湖泊。

除了大陆冰盖这个大家族以外，冰川还有一个小家族，名叫山岳冰川，主要分布在中纬度、低纬度地区的一些高山上。在我国的冰川们都是属于这种山岳冰川。

昆仑山

因为我们国家的领土都不在北极圈或者南极圈内，所以冰川们要找喜欢待的地方，就只有在高山上。至于其他的地方，一旦到了夏季就什么冰雪都被融化了，哪来的冰川呢？所以，在我们中国，冰川们都跑到昆仑山、喜马拉雅山、天山、念青唐古拉山、喀喇昆仑山等等那些高山上去了。

亚洲水塔漏水了

亚洲水塔，指的是喜马拉雅—青藏高原地区。这个地区的一个特别大的特点，就是拥有大量的冰川。这里的冰川多达 2.43 万条，面积达到了 3.23 万平方千米，平均年融水量约 360 亿立方米，是除了极地冰盖以外全球第二大的冰川聚集地。

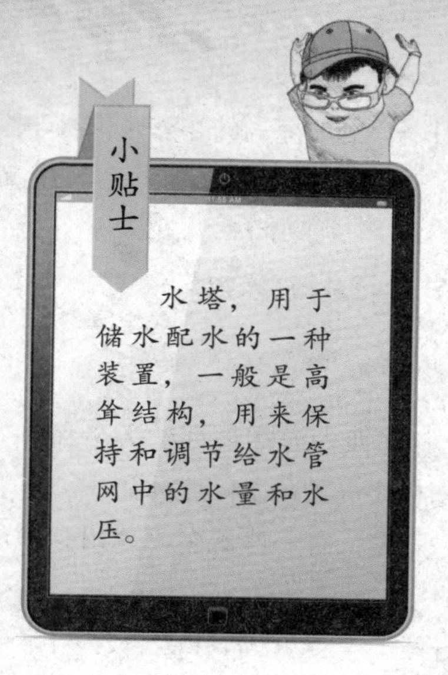

这个全球第二大的冰川聚集地也不是白当的，大量的融水从它那里哗哗地流淌出来，孕育了黄河、长江、恒河、湄公河、印度河、萨尔温江和伊洛瓦底江等七条亚洲的重要河流。正因为这样，大家才形象地将这个地方称为“亚洲水塔”。

据统计，这个地区的冰川、冻土和湖泊每年向亚洲提供860万立方米淡水，是亚洲居民的重要水源。人们吃的喝的，还有灌溉农田等等，都得靠这位水塔老大帮忙。

然而，这个天然的亚洲水塔近年来出现了惊人的变化，那些冰川们正在以前所未有的速度急剧地融化，渐渐地走向消失。

水塔

青藏高原的气候有着全球独一无二的特点，这里的大气洁净、空气稀薄、气温低而且辐射强烈，是气候变化的敏感区。也就是说，如果地球上发生什么事情，别的地方还被蒙在鼓里，青藏高原这里就已经有反应了。正因为这样，全球气候的变暖已经引起了喜马拉雅—青藏高原地区这个亚洲水塔的冰川们发生了令人担忧的变化。科学家预测，如果我们放任气候继续变暖下去，最早在2035年，亚洲水塔的冰川有可能会集体向我们说再见。

青藏高原

冰川在行动

英国科学家最近通过分析卫星图片，告诉了我们一个更加惊人的秘密：南极半岛上87%的冰川正在迅速消退。

在喜马拉雅冰川忙着消退的时候，其他地方的冰川们又怎么样呢？

南极半岛，位于西南极洲，是南极大陆最大、向北伸入海洋最远的大半岛。据科学家们观测，自从20世纪50年代早期开始，南极半岛上的244座冰川中，有212座出现了不同程度的萎缩，平均后退了600米。其中，有一座威多森冰川竟然以每年1.1千米的速度后退。

南极半岛

我们知道，冰川最喜欢的就是寒冷，所以它们的地盘都是些非常寒冷的地方。如果这些地方的气温升高了，它们就惹不起了，只能躲起来。在南极半岛上，过去的50年里，气温上升了超过2℃，冰川们还能好好活下去吗？所以，科学家们认为造成冰川们逃跑的原因是全球变暖。

在欧洲的阿尔卑斯山脉，我们发现情况同样严重得令人不安。在过去的一个世纪里，阿尔卑斯山已经失去了一半的冰川。

类似的事情在世界各地都上演着：非洲的肯尼亚山冰川失去了92%；在加拿大，北极冰架的老大沃德·亨特消失得无影无踪；南极最大的三个冰川十年内薄了45

米……据估计，到2050年，全球四分之一以上的冰川将会消失，到2100年这个比例可能会达到50%。

所有的这些变化，都源自于这么一位超级大魔王：全球变暖。

谁是真正的冰川杀手

对于一年四季的气候变化，我们已经习以为常了。冬天天气寒冷，夏天天气酷热，这是一种自然现象。可是，以前夏天气温30℃已经非常热，现在动不动就35℃以上。不但夏天比以前热了，就连冬天也比以前暖和了，这是为什么呢？这就是全球变暖，就是在一段时间中，地球的大气温度和海洋温度上升的现象。

全球变暖这个冰川杀手是从哪里冒出来的呢？

根据科学家们分析，全球变暖的原因很可能是由于温室气体排放过多造成的。

我们在农村，经常可以看到一种专门用来种植植物的房子，这些房子可能是用玻璃，也可能是用塑料等其他材料修建而成。这种房子具有能够透光和保温的功能，在寒冷的季节也能够使植物得到适合它们生长的温度，所以我们称它为温室。

温室

我们的地球其实也是一个巨大无比的温室。当然了，我们不可能找到能够将地球包裹起来的玻璃和塑料，取代玻璃和塑料的是一些被称为“温室气体”的气体们。这些气体的功用和温室玻璃差不多，都是只允许太阳光进来，然后阻止其反射，实现保温、升温作用，所以才被人们叫作温室气体。有了这些温室气体，我们的地球就像被盖上了一床厚厚的棉被，暖烘烘的，舒服极了。

造成全球变暖的原因有很多，例如，人口剧增导致二氧化碳等温室气体的过多排放、大气环境污染、海洋生态环境恶化、土地遭侵蚀、森林资源锐减、酸雨、水污染等等，这些原因大多数是和我们人类有关，和我们人类的活动有关。

也就是说，很可能我们人类才是全球变暖的元凶，才是真正的冰川杀手。

冰川消失之后

全球变暖，我们最先遇到的可能是河流的流水量在短期内的增加。河流流水量的突然增加并不是什么好事，很可能给流经的地区造成洪涝灾害。而且，这些多余的河水提前消耗了未来世界的水资源。

如果气候继续变暖，被称为亚洲水塔的喜马拉雅—青藏高原的冰川最后消失掉，我们将会遇到什么样的情况呢？

纽约

当冰川全部消融，河流再也得不到冰川水的补充，河流就会渐渐变得干涸。我们可以预见，到了那个时候，黄河、长江、恒河、湄公河、印度河、萨尔温江和伊洛瓦底江这七条亚洲最重要的河流将会得不到足够的水源，流量大大减少，沿岸居民的饮用水就会成为大难题，湖泊萎缩、冻土退化、草场退化、土地沙漠化等等环境问题就会越来越严重。

事情并未就此结束，我们在喜马拉雅山和青藏高原所看到的，只是冰川消失大悲剧的一个小小的预演。假如我们的气候进一步变暖，全球的冰川们都会面临亚洲

上海

水塔一样的命运。

假设气温继续上升，南极的冰块大批大批地融化，就会导致海平面继续上升。这海平面升着升着，不知不觉中已经升高了6米，这可就更加不得了了。我们一觉醒来，发现包括纽约、孟买、上海这样繁华的沿海城市，都被海水泡得浑身是咸味，我们竟然都睡在了一个又咸又苦的水世界里。

更可怕的是，科学家告诉我们，如果南北极两大冰盖全部融化，其结果会使海平面上升近70米。

我们还要继续谋杀冰川吗

冰川的不断消失已经引起了人类的关注。假如我们不阻止地球继续变暖下去，那就不是热得难受那么简单，而会导致一场环境大灾难。

面对这场大灾难，我们怎么办呢？不吃饭，不喝水，不坐车，不洗澡，等等，所有这些，都可

排放温室气体

以有效地节省资源，减少温室气体的排放，更重要的是我们还千万不能呼吸，因为人类呼吸产生出来的二氧化碳就是导致全球变暖的主犯。

可是，这些事情我们能够做得到吗？就算是做到了，我们还能活下去吗？要是我们不吃不喝不呼吸，没等到冰川发脾气呢，我们就都死翘翘了。

其实我们并不是束手无策，阻止全球变暖更不是复杂得让我们望而却步的事，也许我们稍加注意，就可以挽救地球和人类的生命。人类导致全球气候变暖的原因其实主要有两个：一是大量燃烧煤炭、天然气等产生大量温室气体；二是肆意砍伐原始森林，使它们吸收二氧化碳的能力下降。

那么，只要我们尽量减少温室气体的排放，减少对森林的砍伐，冰川未必就会灭亡，灾难也未必就会降临。

八、普京在贝加尔湖找到了什么

2009 年，向来就喜欢玩玩新鲜玩意儿的俄罗斯总理普京去了一趟贝加尔湖，并且乘着一艘微型潜艇潜入到 1400 米深的湖底。从贝加尔湖回来的普京惊诧于湖水的受污染程度，决心要采取更加严厉的措施来治理环境污染。

普京在贝加尔湖找到了什么呢？

泛舟湖泊

贝加尔湖

说到湖泊，我们就会想到在平静如镜的湖面上划划小船，还要喝点汽水吃点零食，然后嘻嘻哈哈地和朋友们说说笑话，那该是多么有趣的一件事。

陆地上洼地积水形成的水域比较宽广、换流缓慢的水体，我们称为湖泊。

要成为湖泊并不是一件容易的事，首先得有一块洼地，这块洼地要比旁边的地方都低矮一截，能够容纳得下很多的水。麻烦事马上就来了，河流、池塘、沼泽都是洼地，里面都灌满了水，为什么它们就不是湖泊呢？

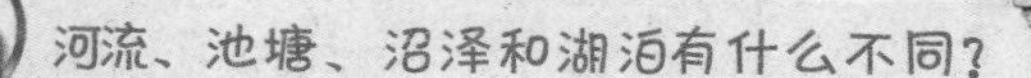

我们仔细观察一下河流和湖泊，发现河流流动的速度通常比较快，河水哗哗地，一下子就跑出了好远，我们追都追不及。而湖水呢？它们大多数是些大懒虫，躺在湖泊里面，许久都不愿意挪一挪窝。像贝加尔湖就是这么一个超级大懒虫，有人计算过，即使我们把所有流入贝加尔湖的河流都拦截住，贝加尔湖通过安加拉河将湖水全部排干，需要的时间是400年。

安加拉河

区分沼泽和湖泊也非常容易，因为沼泽里面一般都长着大量的草、树和灌木，如果湖泊里都长满了这些东西，那就难看死了。

我们经常把池塘和湖泊混淆了，因为这两个家伙有时候确实难以区分。一般来说，池塘是指那些比湖泊细小的水体，而且通常是依靠天然的地下水源和雨水，或者以人工的方法引水进池的，是一个比较封闭的生态系统。

湖泊的身世之谜

胡泊是怎么形成的呢？在地壳构造运动、冰川作用、河流冲淤等地质作用下，地表形成许多凹地，积水成湖。湖泊也有可能是人造的，例如人类的露天采矿活动能够造出一些凹地来，这些凹地积满了水就是一个湖。又例如我们拦河筑坝造的水库，这些都可以算是湖泊，称为人工湖。

所有的湖泊都是在一定的地理环境下形成和发展的，并且和环境诸因素之间进行着互相作用和影响。无论哪个想成为湖泊，至少得具备两个不可缺少的条件：湖盆和水。

湖盆，是地表上汇集水体的相对封闭的洼地。跟我们装洗脸水需要用脸盆一样，湖泊需要一个盆状的湖盆来把湖水装起来。而有了湖盆，还得有湖水注入到湖盆里面，把这个大盆子装满了，湖泊就形成了。

普京去潜水的那个贝加尔湖，那可是世界最古老的湖泊之一。它的身世特别有来头，是由印度板块和欧亚板块碰撞形成的。话说，大约在2000万年前，贝加尔湖一带发生了强烈的地震，地壳岩层发生了大断裂，一大块土地塌落下去，形成了巨大的盆地，贝加尔湖的湖盆就这样被弄好了。直到现在，贝加尔湖的湖岸还在以每年2厘米的速度向两边拉开。有了湖盆，大量的河流都涌了过来，不断地注入到这个湖盆里。千万年以来，有336条大大小小的河流争先恐后地抢着来到贝加尔湖，却只有一条安加拉河把湖水排到叶尼塞河去。贝加尔湖就是这样被灌满了湖水，成了世界上容量最大的淡水湖。

小贴士

贝加尔湖，位于俄罗斯布里亚特共和国和伊尔库茨克州境内，是世界上容量最大、最深的淡水湖。贝加尔湖形状狭长弯曲，看起来就像是一弯新月，所以人们又称它为“月亮湖”。

人工湖

寻找我国最牛的湖泊

中国最牛的湖泊是哪个呢？

A. 青海湖

B. 鄱阳湖

C. 纳木错

D. 艾丁湖

E. 班公错

F. 长白山天池

G. 察尔汉盐湖

在中国大地上，有着众多的湖泊，那些小打小闹的小不点湖我们就不算了，光是面积在 1 平方千米以上的湖就有 2000 多个。

湖泊也有咸水湖和淡水湖之分。在我国，最大的咸水湖是青海湖，而在淡水湖里鄱阳湖是当仁不让的老大。

鄱阳湖

鄱阳湖地处江西省的北部，长江中下游南岸。青海湖位于青海省东北部的青海湖盆地内。这两个大湖比较起来，是青海湖占了绝对的优势。青海湖不但是我国最大的咸水湖，而且是我国最大的内陆湖，它的长度是 105 千米，宽度是 63 千米，周长 360 千米，面积达 4583 平方千米，比鄱阳湖要大近 460 平方千米。

纳木错

如果比高度，最牛的是位于西藏的纳木错。纳木错的湖面海拔 4718 米，是我国第二大咸水湖，也是世界上海拔最高的咸水湖。它的南面是终年积雪的念青唐古拉山，北面和西面是高原丘陵。

可是，纳木错称老大的时候，艾丁湖不答应了。为什么要比高呢，比低不行吗？要是比个子矮，艾丁湖才是最牛。艾丁湖位于新疆维吾尔自治区吐鲁番盆地南部，湖面海拔是 –154.57 米，是我国大陆上的最低点。

我国西藏自治区最西部的阿里地区的界湖，名叫班公错，它东西方向上延伸达 155 千米，是我国最长的湖。长白山天池坐落在吉林省东南部，是我国和朝鲜的界湖，它的平均深度是 204 米，最深处为 373 米，是我国最深的湖。察尔汗盐湖位于青海西部的柴达木盆地，是我国最大的盐湖。

在我国这么多的湖泊里，你认为最牛的是哪个呢？

世界湖泊之最

我们跨出国门去，继续寻找湖泊的游戏，发现世界上最牛的湖竟然不叫湖，它的名字叫作“里海”。

里海位于亚欧大陆腹部，亚洲与欧洲之间，它的东北是哈萨克斯坦，东南是土库曼斯坦，西南是阿塞拜疆，西北是俄罗斯，南岸却在伊朗境内，是世界上最大的湖泊，也是世界上最大的咸水湖。

里海真是厉害，它的南北长约 1200 千米，东西平均宽度 320 千米，面积大约

386400平方千米。由于它实在是太大了，而且湖水是咸的，就跟海水差不多，所以人们把它称为“海”。其实里海和我们中国云南的洱海一样，虽然被称为海，实际上还是一个湖。

在北美洲，我们找到了一个苏必利尔湖。它的湖面东西长616千米，南北最宽处257千米，水面面积82103平方千米，是世界上仅次于里海的第二大湖，也是世界上最大的淡水湖。

啊？世界上最大的淡水湖不是贝加尔湖吗？别急，那得看比什么了，要是比深度和蓄水量，贝加尔湖是最牛，如果比面积，那还得苏必利尔湖来当老大。

里海

我们继续走下去，还发现了面积最大的淡水湖群是北美洲的五大湖；海拔最低、最深最咸的咸水湖竟然也不叫湖，而是叫作死海；海拔最高的淡水湖是南美洲的的的喀喀湖……

在湖泊里寻宝

湖泊首先是一个巨大的水库，把水资源都藏在自己的肚子里。像我国的鄱阳湖、洞庭湖、太湖、巢湖、洪泽湖这些湖泊，都替我们人类珍藏着大量的淡水资源，发挥着天然水库的作用。

洞庭湖

在雨季的时候，湖泊起着蓄水的作用，将河水拦截住，下游就可以少受洪涝灾害的影响。到了冬季和春季，河流流量减少了，湖泊就将雨季藏起来的水又放出来，下游的农田就不必害怕没水喝了。

如果我们住在湖边，那么好吃的东西自然是少不了。什么鱼呀虾呀蟹呀，还有贝壳、莲藕等等，都是湖泊里盛产的好东西，味道特别鲜美。

如果我们遇到的是盐湖就更好了，因为盐湖是含盐度很高的湖，湖里的盐碱矿物以及硼、锂等稀有元素，是非常重要的工业原料。

在那么多的湖泊里，到底藏着些什么宝贝呢？

湖泊还常常是我们旅游度假的好去处，例如杭州西湖就是举世闻名的风景区。节假日的时候，到湖边散散步，到湖里划划船，吃吃湖鲜，侃侃湖的故事，这些都是非常好的休闲活动。

湖泊还能够帮助我们调节气候。夏季的时候，湖泊可以吸收热量，让我们感到不那么热；冬季的时候，湖泊可以释放热量，让我们感到不那么冷。

湖泊们也减肥

湖泊是我们人类的好朋友，奇怪的是，它们竟然也像我们有些肥胖的朋友们一样，开始减肥了。据报道，目前世界上 500 万个湖泊中，有一半以上的水域面积已经萎缩了。这是怎么回事呢？

湖泊萎缩的原因有很多，其中一个原因就是我们从湖泊里拿走了太多的水。

几千年以来，我们的农民都习惯于从河流里取水用于灌溉庄稼，还有我们喝的水，也是从河流湖泊里来的。也就是说，我们其实是在和湖泊们抢水喝。在过去半个世纪，世界用水量大幅增加。因为拥有了抽水机，我们人类和湖泊抢水的能力大大提高。于是，我们人类拿到的水多了，湖泊能够分到的水却少了。

人类不但抢到了更多的水，人类的生产和生活活动还“杀”掉了湖泊里很多的水。当我们将大量的污染物排放到湖泊里，导致藻类和植物大量繁殖，湖水里的氧气少了，水里的动物就没法活了。

在和湖泊相处的时候，我们人类还干过一些自以为聪明的事情，例如围湖造田。在洞庭湖，这种向湖泊要土地的傻事从汉唐时候就开始了。到了我们新中国，对洞庭湖的开发更是干得热火朝天，弄得洞庭湖的湖泊面积从 4350 平方千米减少到 1659 平方千米。

围湖造田

湖泊减了肥，它们替我们防护洪水的作用当然得大打折扣。越来越频繁的洪涝灾害，让我们开始醒悟了。1998 年，长江中下游发生了一场大洪水，湖泊的调蓄能力降低就是原因之一。所以，湖泊要减肥，我们千万别依着它，得想着法子让它们一个个都长成大胖子，我们才有舒服日子过。

贝加尔湖里的可燃冰

2009 年 8 月 1 日，俄罗斯总理普京跑到了贝加尔湖的湖底去，其实并不是为了视察那里的湖水的污染情况，而是要寻找一个巨大的宝藏。这个宝藏名叫“可燃冰”。

从字面上理解，可燃冰就是可以燃烧的冰。我们听过柴可以烧，炭可以烧，煤可以烧，甚至知道石油可以烧，天然气可以烧，可是就是没听说过冰也可以烧。冰给人的第一印象就是冰冷的，怎么看也不像是能够给我们带来火热的家伙。

可是，自从 20 世纪 60 年代以来，人们确实发现了一种可以燃烧的冰。这

可燃冰

种冰在地质上被称为天然气水合物，是一种白色的固体物质，外形长得就跟冰差不多。和普通的冰不同的是，它具有非常强的燃烧力，是非常好的能源。

可燃冰主要由水分子和烃类气体分子组成，这些烃类气体分子主要是甲烷，是在一定条件下由气体或挥发性液体与水相互作用过程中形成的白色固态结晶物质。甲烷是可燃气体，如果可燃冰的条件发生变化，温度升高了或者压强降低了，甲烷气体就会从可燃冰那里逃出来。到了这个时候，想点燃这些可燃冰是一件轻而易举的事，给它们火种就行。

据科学家们分析，1 立方米的可燃冰可在常温常压下释放 164 立方米的天然气及 0.8 立方米的淡水。在同等条件下，可燃冰燃烧产生的能量比煤、石油、天然气要多出几十倍。最最令人高兴的是，可燃冰这个家伙还是个环保分子，它燃烧后不产生任何残渣和废气，我们用完了之后根本就不需要伤脑筋替它们擦屁股，所以科学家们见了它就跟见了奇珍异宝似的，把它称为“属于未来的能源”。

据说，就在贝加尔湖的湖底，藏有大量的这种可燃冰。正是这些湖底的白色宝贝，吸引着普京不惜一切潜入 1000 多米深的湖底去探个究竟。

保护贝加尔湖运动

普京的贝加尔湖的湖底之行，发现了一个我们人类所共同面对的问题：湖泊正在遭受前所未有的污染。

插问 贝加尔湖的污染是从哪里来的呢？

贝加尔湖的污染问题其实早就引起了人们的注意。贝加尔湖虽然牛，可是同样无法避免其他湖泊所遇到的糟糕事。

很多的原因造成了贝加尔湖的污染。比如造纸公司直接排入贝加尔湖的污水中所含的各种有毒物质，从工厂污泥塘流出的废水和随之而来的地下水污染，湖滨一带没有被控制的各种工业污水、生活污水以及旅游业带来的污染，贝加尔湖流域的森林砍伐和森林火灾，各种航运船只排入贝加尔湖的废水中含有的污染物等等，这些都毫不留情地侵害着贝加尔湖的健康。

铺设石油运输管道

为了保护贝加尔湖，伊尔库茨克地区甚至掀起过规模很大的保护贝加尔湖运动。为了保护贝加尔湖，俄罗斯甚至将一条正在建造的输油管改道。事情发生在2006年，当时的俄罗斯总统普京对承建东西伯利亚石油运输管道铺设工程的公司作出了指示，为了防止污染贝加尔湖的环境，要求该公司更改途经该湖附近的管道铺设计划，把油管到湖的距离由原来计划的800米扩大到40千米。为此，联合国教科文组织还专门向普京表示了感谢，因为俄罗斯的这次更改，将对保护世界自然遗产贝加尔湖起到很大的作用。

卫星拍摄的贝加尔湖

在世界上，很多的湖泊都在经受着贝加尔湖所遇到的事，我们人类正在干涉着湖泊们的生存权利。

我们都知道，湖泊是我们人类忠实的朋友。当我们发现人类的活动已经危及到湖泊的生存，而湖泊的存亡也正在深刻地影响着人类的生存与发展时，保护湖泊已经成为一件刻不容缓的大事。

我们应该善待湖泊，就像善待自己的朋友和家人，因为这样做正是善待我们人类自己。

九、看不见的水世界

下雨是我们经常遇到的自然现象。我们来观察一下下雨。雨水哗啦啦地降落到地面上，沿着下水道、河流等等一直奔流，跑到大海里去。这个时候，如果我们能够去量一量，会发现流进下水道啦河流啦这些地方去的雨水只是降雨的一部分，相当多的雨水不知道溜到哪里去了。

我们都见过下雨。天上下了那么多的雨，它们都跑到哪里去了呢？田里装了那么多雨水，为什么没变成游泳池呢？

寻找失踪雨水的小实验

当我们变换一下观察地点，寻找一个没有下水道的花园或者草地来进行我们的观察实验，结果更加明显了，雨水们在没有下水道的帮助下，竟然也能够偷偷地溜得无影无踪。

为了寻找这些失踪的雨水，我们来做一个小实验。

第一步，准备一个空的玻璃杯，一小堆沙子，还有一杯自来水。

第二步，往空玻璃杯里装满沙子，一直装到你认为无论如何也装不下为止。

下雨

第三步，往你认为再也装不下沙子的玻璃杯里灌入自来水。

奇怪的事情发生了，自来水灌入装满了沙子的玻璃杯里，竟然不会溢出来。也就是说，表面上满满的玻璃杯，其实里面还有很多的空隙，还能够容纳许多的水。

我们脚下的土地就跟一个装满了沙子的玻璃杯一样，全是泥土、沙子这些东西，可是一旦雨降落到它们身上，它们中间的空隙却仍然能够容纳得下大量的雨水。那些失踪的雨水，其实就是躲到了这些泥土的空隙里面，成为了一些我们看不见的水。这些我们看不见的水就是大名鼎鼎的地下水。

探秘地下水的家

地下水们的家是在地壳岩石裂缝和土壤空隙里。因为它躲藏在地表以下，有的甚至躲在地底下 10 多千米深处，所以一般情况下我们都看不见它们。

我们看不见，但并不代表它不存在。地下水其实在我们的脚底下分布得很广，甚至在那些非常干旱、在地面上根本找不到水的沙漠地区，它的地底下也可能埋藏着地下水。据估计，地下水的体积总量大约有地表上海洋体积的三分之一，也就是大西洋那么大。

那么多的地下水，它们的家都是什么样子呢？地下水的家是一些土壤空隙和岩石裂缝。但并不是所有的岩石和土壤都可以成为地下水的家，有的岩石里的空隙非常小，连水这么精明的家伙也挤不进去，这些连水都挤不进去的岩层，我们称为隔水层。而那些有空隙能够让水住进去的岩层，

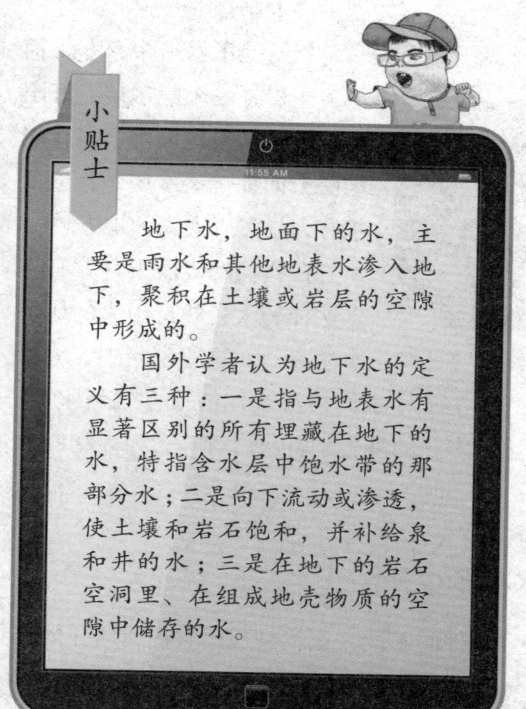

小贴士

地下水，地面下的水，主要是雨水和其他地表水渗入地下，聚积在土壤或岩层的空隙中形成的。

国外学者认为地下水的定义有三种：一是指与地表水有显著区别的所有埋藏在地下的水，特指含水层中饱水带的那部分水；二是向下流动或渗透，使土壤和岩石饱和，并补给泉和井的水；三是在地下的岩石空洞里、在组成地壳物质的空隙中储存的水。

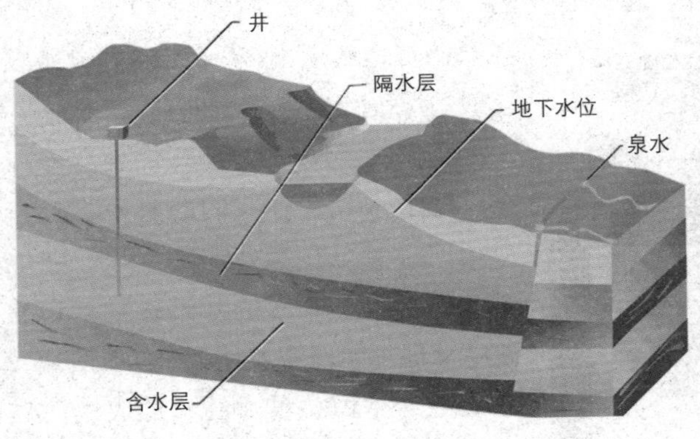

地下水示意图

就是透水层。

想给地下水造个家非常简单，先得弄一个隔水层，好阻止地下水偷偷地溜走。再在隔水层上面铺上透水层，让地下水有大量可以安家的地方。

在我们的脚底下，就有许多这样的大自然造出来的地下水的家。而这些家当中，地下水们最喜欢住的地方就是卵石、沙土和有裂隙的岩石，还有黄土、亚黏土、多孔的砂岩、石灰岩等等，因为它们的透水性非常好。

地下水有多少种

地下水有很多种，如果按照地下埋藏条件的不同，也就是根据它们所居住的家的不同，我们可以将它们分为三种：包气带水、潜水和承压水。

以下哪些水属于地下水？

A. 包气带水

B. 潜水

C. 承压水

D. 可口可乐汽水

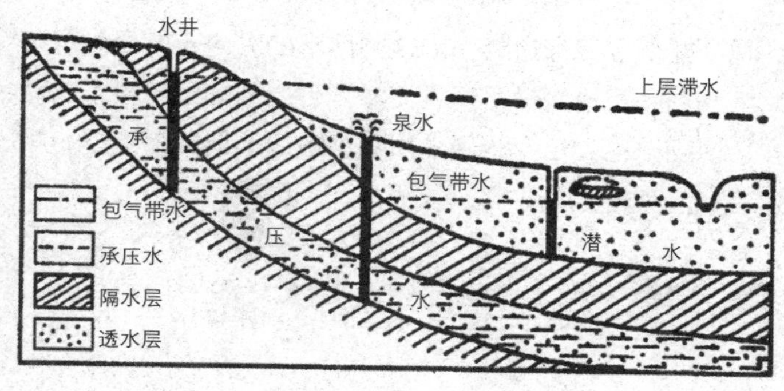

地下水埋藏示意图

包气带是指位于地球表面以下、潜水面以上的地质介质，是岩石空隙未被地下水充满的地带。在这个地带中的地下水，我们就称为包气带水。

由于包气带离地表最近，所以我们要找到它并不困难。当我们遇到挖井工人挖水井的时候，可以留意观察。一开始的时候，挖出的井壁往往都是干的，含水量非常少。等到越挖越深的时候，井壁渐渐变得潮湿了，但是井里面还是没有水。挖掘工作在继续着，终于，井壁和井底都渗出了水，并且在井里面形成了一个水面。这个水面以上的，就是包气带。

我们知道，在地下水的家的下面会有一个隔水层，这个隔水层让地下水们都聚集在它的上面，那些住在第一个隔水层上面的地下水，就是潜水。我们挖井取水的时候，挖到潜水就可以说是大功告成了。

如果我们继续往下挖，还可以找到一些藏得更加深的地下水，它们把家安在两个隔水层之间，被上下两个隔水层好好地保护了起来。因为这些地下水被两个隔水层夹在了中间，承受着一定的压力，所以我们称住在这样有压力的地方的地下水为承压水。

由于承压水有一定的压力，如果我们打井的时候挖掘到承压水的家，它可能会喷出来，甚至喷出地面成为自流水。

地下水从哪里来

地下水虽然躲在地表下面，但是它也不会是凭空冒出来的，它和大气水、地表水之间都有着亲密的关系，互相还经常来往交流，参与到水循环中担当一个重要的角色。

下雨天，当雨水降落到地面时，我们来追踪一下这些雨水的去向，就会发现一部分雨水会顺着地面流动，汇集到江河里，最后流入海洋。另一部分雨水根本连动都懒得动，直接就重新蒸发，回到空中。还有一部分雨水静悄悄地溜到泥土里，顺着岩层的空隙和溶洞渗透到地下，变成了地下水。

除了降雨，地下水还能从哪里分到一杯羹呢？

只靠降雨，地下水未必就能吃饱肚子。幸亏，它还有其他的补给方法。

灌溉

农民们在种植庄稼的时候，肯定需要给庄稼浇水。这种给庄稼浇水的工作，我们叫作灌溉。在播种前，出苗时，还有庄稼的生长期等各个阶段，农民们都要给庄稼灌溉，让庄稼喝个饱。然而，灌溉到农田里的水，庄稼们是喝不完的，大多数时候都会被土壤吸收掉，成为地下水。也就是说，农民们在喂饱了庄稼的同时，也让地下水喝了个痛快。这种地下水的补给方式，我们称为灌溉水入渗。

埋在地表下面的水，我们称为地下水，那么那些存在于地壳表面暴露于大气中的水当然就是地表水了。地表水包括河流、冰川、湖泊、沼泽等，它们和地下水之间也常有密切来往，经常有水分从地表水里逃出来补充到地下水里去，这种补给方式，就是地表水入渗。

由于地下水分布广泛，水量稳定，很少受到气候影响，污染程度低，所以很多地方的人们都把地下水作为人类生活用水和饮用水的水源，从地下水那里取水用。可是，人类取地下水取得太多了，地下水也受不了啊，这个时候人们就得想法子用人工回灌方法增加地下水的水量，这就是人工补给。

看不见的水界大战

我们现在以一滴雨水为例，看看一滴水想要成为一滴地下水，需要经历一场什么样的战斗。话说，一滴水空降到地面，这一次它觉得那么快就回大海去太没意思了，于是想钻到地底下做点儿有意思的事。

一滴水想向地下进军，首先遇到的是那些地表的土壤和泥沙们。这些家伙虽然战斗力不是很强，但是说什么也要从一滴水这里揩点儿油水，死死抓住了一些水分子不放。唉，给就给吧，就算是给过路费。

从一滴水变成一滴地下水，它要经历什么样的旅程呢？

一滴水匆匆通过了土壤和泥沙设下的关卡，不料很快就落入了一群强盗的陷阱。这些强盗就是一些植物的根。据说，植物们已经饿急了，见了雨水早就不要命地一轮猛吸，把一滴水的一部分水吸到了它们身上。一滴水虽然被揍了个丢盔弃甲，但是总算逃出了植物的围攻，向着更深的地下前进。

一路上，土壤和岩石里的微小空隙也没轻易放过一滴水，得让它们吃饱喝足了，才肯放一滴水继续上路。这一路走下来，本来是个大胖子的一滴水，现在已经变成了一个可怜巴巴的小不点。

在前进的路上，一滴水还遇到了讨厌的空气。这些空气虽然不会从一滴水身上巧取豪夺，可是占着地盘挡着道，一滴水要想尽一切办法将它们赶跑，才能安全通过，继续它的地下水之旅。

一滴水一步一步地向着地底下前进，每前进一步都要付出艰辛，付出代价。直到这一刻，它无论怎么走也走不动了，原来，前面是一个所有水都无法冲破的强大防线，人们称它隔水层。在隔水层的前面，一滴水还找到了大量的水弟兄。

一滴水还想着拼命前行的时候，有位水兄弟问了它这么一个问题：你已经变成地下水了，还想去哪儿呢？

虎跑泉真的是老虎刨出来的吗

在杭州西南有一个非常有名的泉，名叫虎跑泉。传说，唐朝时有一个和尚住到这个地方来，可是就是找不到水源，只好准备搬家走人了。这天夜里，和尚突然梦见了神仙，神仙说将派两只老虎给和尚搬一个泉过来。果然，到了第二天，和尚看到两只老虎拼命地在地面上刨，清澈的泉水涌了出来。这就是虎跑泉的来历。

虎跑泉的故事只是一个民间传说。科学告诉我们，想形成泉水，那就要靠地下水帮忙。如果没有地下水，那两只老虎就算是把八只老虎爪子都刨烂了，也还是不可能刨出泉水来。

地下水虽然深藏在地底下，轻易不愿意和我们人类见面，可是总有那么一些耐

虎跑泉

不住寂寞的地下水，变着法子想出来露露脸，让大家见识见识它们的真面目，于是我们就有了泉水。

泉是地下含水层或含水通道呈点状出露地表的地下水涌出现象，是地下水的集中排泄形式。

地下水想变成泉水露出来，也不是一件容易的事，需要有一定的地形、地质和水文地质条件来配合。例如当地下水在透水层里自由自在地流动着的时候，突然遇到了密不透风的隔水层，而且它们的接触面正好就是地面，这个隔水层这么一挡道，地下水不可能再往地底下流了，只好顺着接触面涌出地表，变成了泉水。

温泉和矿泉的秘密

温泉和矿泉是两种比较特别的泉水，也是人类特别喜欢的宝贝。

温泉的特别之处，在于它的温度比较高。平常我们所遇到的泉水是清凉的，可是温泉里冒出来的泉水却是温暖的甚至是热的。温度稍低一点的温泉，我们可以用来泡一泡热水澡，温度比较高的温泉水，甚至可以用来煮鸡蛋涮羊肉。

温泉水为什么是热的呢？矿泉水里的矿物质又是从哪里来的？

温泉水当然不是我们用柴火或者热水器加热的，那些最多也只能算是热水罢了。温泉水必须是从地下涌出来的，自己带有较高温度的水。它的这个高温，和我们人

猴子在泡温泉

类的活动一点儿关系都没有。

原来，温泉水本来也是普通的地下水。我们知道，在地壳下面很深很深的地方，越是往下，温度就会越高。地下水如果跑到了温度高的地壳下面溜达了一圈回来，就会从普通温度的水被加热成了温度较高的水。如果这些地方属于火山活动地区，那么岩浆活动也会对温泉水的形成出手相助。地下水被加热成为热水之后，还得在地下乖乖地待着，等到受到一定的压力，并且寻找到通往地表的通道，才可以跑到地面上来变成温泉。

所谓的矿泉，就是含有大量的矿物质的泉。因为有了大量的矿物质，这些泉水就变成了好东西，能够补充人体的需要，还可以用来医治关节炎、皮肤病等疾病，甚至会被某些人误以为是神仙恩赐给我们的圣水。

矿泉

其实，矿泉水并不是什么神仙赐予的，它的形成跟温泉水有点类似，都是地下水流经一些特别的地方所变出来的。温泉水流经的地方温度比较高，而矿泉水流经的地方则含有大量的矿物质。因为水是一种非常出色的溶剂，当地下水流经富含矿物质的岩层时，会将岩层中的一些可溶性物质溶解到水里面。如果溶解的这些物质足够多，这些地下水就会变成矿泉水。

水井和地下水的开采

小贴士

水井，是主要用于开采地下水的工程构筑物。常见的水井都是竖着的，我们可以从水井里面取水，用于生活和生产。此外，水井还可以是斜着的，甚至是各种不同方向的组合，它们是水井家族里的少数族裔。

水井是人类一个非常伟大的发明，对人类文明的进步起着举足轻重的作用。在没有水井之前，人类吃的喝的用的，都得靠河流或者泉水这些水源的帮忙。为了便于取水，大家都围着这些水源附近居住，不敢往远处跑。一旦这些水源干涸了，那大家都没水喝了，都得完蛋。

当人们弄明白了水井的秘密，就知道了原来在我们的脚底下还有那么多的地下水，而我们只需要在地面上挖几个坑，给这些地下水们搭建一条通道，就可以获得所需要的饮用水。于是，大家再也不必看河流的脸色生活了，再也不必只盯着河流旁边那么点儿小地盘了，爱住到哪里就住到哪里。

几千年来，人类对水井进行了各种各样的开发和利用，弄出了许多精彩的绝活儿。像新疆吐鲁番的坎儿井，就是人类利用地下水所发明的一种非常著名的井。

吐鲁番这个地方气温特别高，热得像个火炉似的，而且气候干燥，降雨量少，就算有点儿水，三两下子就会被蒸发掉。幸好，这里有博格达山和喀拉乌成山这些高山，春夏时节有大量融化的积雪和雨水补充到这里的地下水里，于是人们就巧妙地利用这些自然条件发明了一种坎儿井，吃喝用水和灌溉农田

水井

坎儿井

就都不用愁了。

眼不见，并不等于干净

地下水虽然躲在我们看不见摸不着的地方，但是它的好坏和我们人类还有着千丝万缕的关系。如果我们不注意管好自己的活动，地下水可能就会遭殃。地下水一旦被污染了，倒霉的还是我们人类自己。

有些地方的地下水为什么会发臭？难道有人在地底深处拉了屎吗？

地下水污染，指的是人类活动引起地下水的化学成分、物理性质和生物学特性发生改变而使质量下降的现象。例如，如果我们在生产过程中贪图方便，将污水随便就往地下倒，以为反正流到地底下我们也看不见，就不用管了，可是这样做，会使得污水渗透到地下水那里去，把地下水污染得一塌糊涂。

地裂

地下水不但不能随便污染，更不能随便开采。由于地下水不大容易被污染，是比较干净的水源，所以很多地方都将地下水作为人们使用的重要的水源。但是，如果人类没有节制地开采地下水，想拿多少就拿多少，就会造成地下水水位下降，什么地面沉降啦、地下漏斗啦、地裂啦这些麻烦事就会陆续找上门来……

珍惜地下水，利用好地下水资源，这可是我们人类所要面对的一个大课题。

十、一条死鱼揭发的秘密

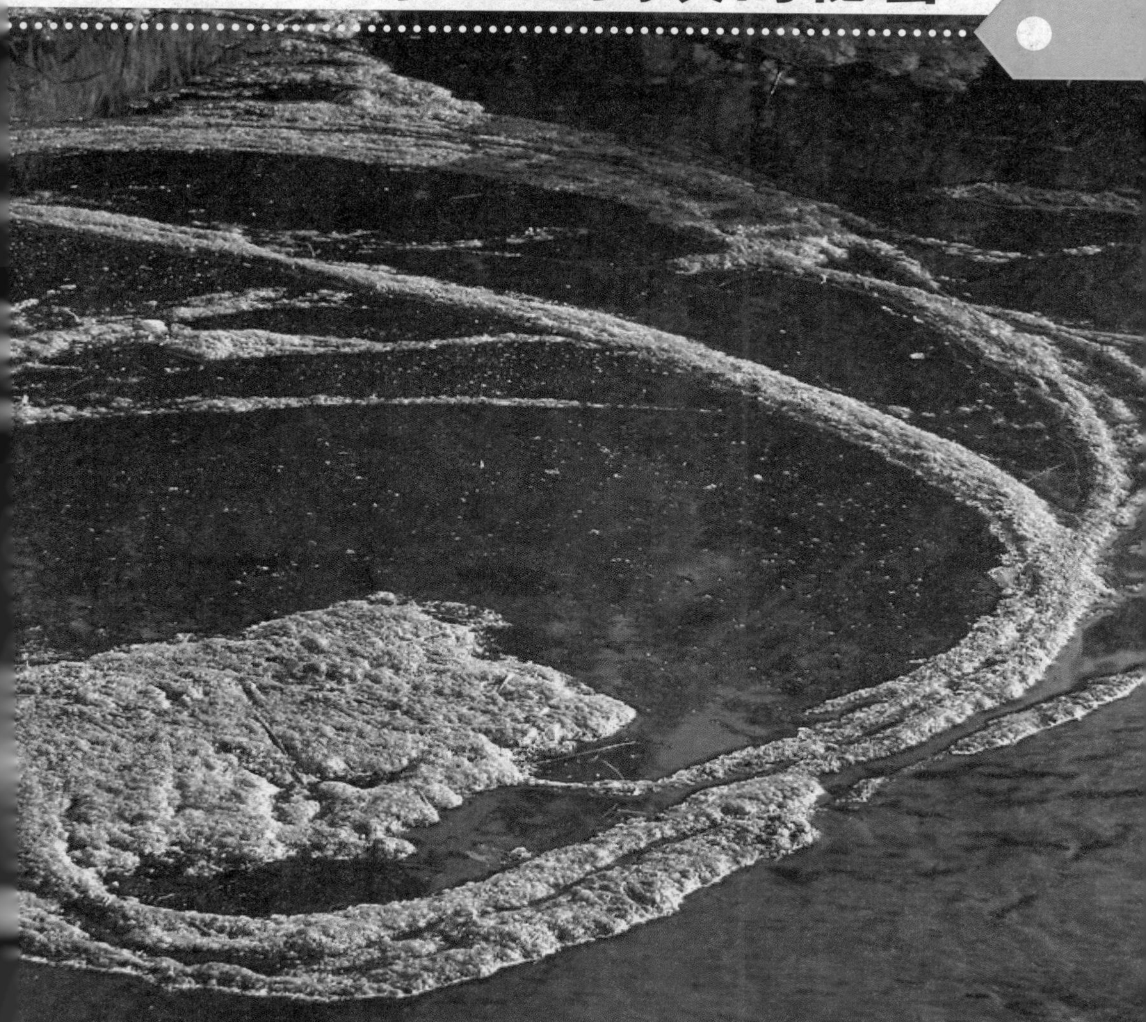

这是一个晴朗的早晨，我们来到郊外的小溪畔，呼吸着新鲜空气，享受着乡村明媚的阳光……突然，小溪里竟然漂过来一条死鱼，引起了我们的警觉。死鱼并不可怕，可怕的是在我们还没将它钓上来宰杀了煮熟了，它就已经死菜了。

这次的故事就从一条死鱼开始，我们将把那些涉嫌谋杀小鱼的嫌疑犯们一个个都揪出来审问一遍，尝试揭开这条死鱼背后的秘密……

凶手是水污染吗

根据我国颁布的有关法律，水污染是这么一个东西：水体因某种物质的介入，而导致其化学、物理、生物或者放射性等方面特征的改变，从而影响水的有效利用，危害人体健康或者破坏生态环境，造成水质恶化的现象。

有些污染，我们是看得见、摸得着，甚至是闻得到的。例如恶臭就是一种臭名昭著的污染。当恶臭袭来时，我们往往不由自主地憋住呼吸，生怕把这些臭味吸到身体里，恶心、厌食、呕吐、头晕脑涨这些麻烦事很快就会随着恶臭而来。一条河流如果沾上了恶臭这个怪毛病，就变成了名副其实的臭水，大家都得躲得远远的。

小贴士

污染，是指自然环境中混入了对人类或者其他生物有害的物质，其数量或程度达到或超出环境承载力，从而改变环境正常状态的现象。例如，我们把垃圾倒到河流里，向空气中排放煤烟等废气，往食品里混入有害的物质，这些都是污染。

水污染

河里的死鱼

我们看得见摸得着的水污染更是显而易见。假如我们随意就向河流里乱扔垃圾，经过日积月累，我们就会看到这样的情景：河流里漂满了各种各样的垃圾，什么塑料袋啦、剩饭剩菜啦、泡沫啦、腐烂的树叶树枝啦等等，把河流挤得水泄不通。到了这个时候，别说是到河里去游泳，就连看一眼都会让人觉得恶心。

然而，我们的那条小溪流水清澈，那些看得见、摸得着和闻得到的污染毛病全都没犯啊！

为了揭开水污染的秘密，我们借助放大镜和显微镜的帮忙，把目光投向那些肉眼看不见的世界。

水里的微生物世界

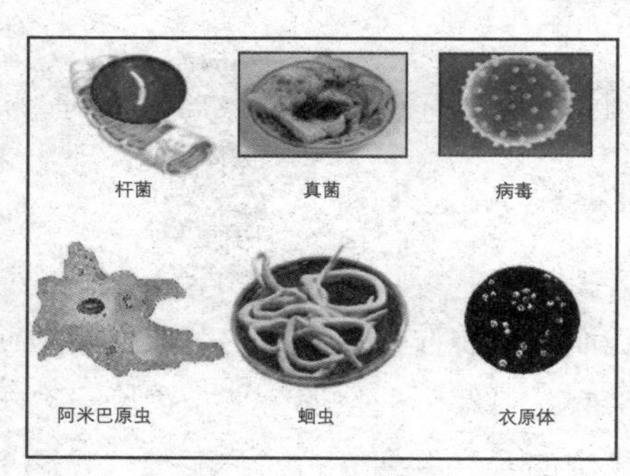

病原体

当我们将河流里的水放大了之后，一群群欢蹦乱跳的家伙就出现在我们眼前。这些小家伙全都是我们肉眼看不见的微生物。

我们还把那些能引起疾病的病菌、微生物、寄生虫或其他导致疾病或传播疾病的媒介称为“病原体”。很多疾病就是这些病原体引起的。例如感冒是人的一种常见病，我们得了感冒会咳嗽、喉咙痛、流鼻涕甚至发烧，

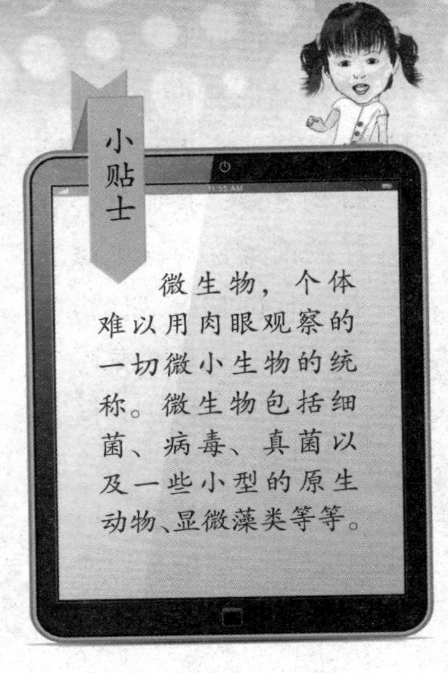

这都是因为感冒病毒这种病原体在我们体内惹是生非，闹得我们不得安宁。

在河流里存在着大量的病原体，这一点儿也不奇怪。这些病原体们，甚至是以动植物和人类作为它们安居乐业的家。据统计，能够使人受到感染的微生物超过400种，它们就待在我们的口、鼻、咽、消化道、泌尿生殖道以及皮肤中。在大多数时候，这些微生物们都和我们相安无事。

我们的人体拥有一种威力强大的武器，名叫"免疫功能"。人体靠着这种武器，能够识别体内哪些是自己人，哪些是外来的敌人，然后把那些外来的微生物严密地看管起来,防止它们在我们的地盘上捣乱。

通常，当我们的免疫功能工作得顺顺利利的时候，那些微生物病原体们都得乖乖地待一边去，不会让我们生病。而有些微生物甚至还能替我们人体做些好事，例如合成多种维生素，抑制某些致病性强的细菌的繁殖等等。可是，一旦我们人体的免疫功能出了问题，人和微生物之间的平衡关系被破坏掉时，病原体们就会找机会乘虚而入，把我们的身体搞出毛病来。

即使我们的免疫功能正常，但是病原体们如果集结了大量的或者强大的力量，也能够把我们的免疫功能揍趴下了，那样我们也会病倒。

谁吃掉了水中的氧

插问 如果水里有氧，我们在水里为什么无法呼吸？

如果我们曾经到水里游过泳，肯定知道当我们把脑袋伸到水里面的时候，必须憋着气，而且憋不了多久就要把脑袋伸出水面来吸几口新鲜的空气。那是因为只有在水面上，我们人类才可以呼吸，才能够把空气中的氧气吸到体内，才能维持我们的生命。人类在水里面最多也就能吹出几个气泡来，一旦想吸入点儿氧气就会被水呛着，想喊救命都喊不出来。

然而，水里面并不是没有氧，只不过我们人类还没有学会呼吸水里面的氧的本领罢了。这些藏身于水里的氧，我们称为"溶解氧"。鱼儿们之所以能够在水里面生活，并不是它们不需要呼吸氧气，而是它们拥有呼吸水里的溶解氧的本事。

鱼终年生活在水里，它们用来呼吸的器官名叫"鳃"。鳃是鱼在水里呼吸的秘密武器。当鱼呼吸的时候，把水从嘴巴里吸入，流经鳃，鳃的微细血管将水里的溶解氧吸收，同时将二氧化碳排入水中。和人类一样，如果呼吸不到氧，鱼儿们照样是没法活下去的。

我们人类虽然不会跑到水里和鱼类争夺氧气，可是有些其他的物质并没有这么大方，这些物质包括碳水化合物、蛋白质、油脂、氨基酸、脂肪酸、酯类等有机物。

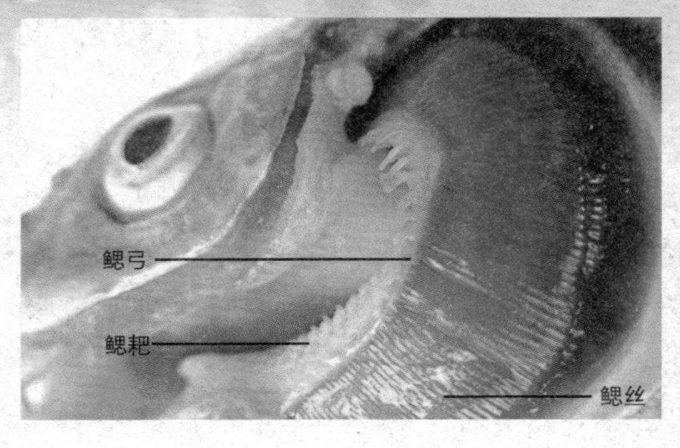

鱼鳃

这些有机物被我们称为“需氧有机物”。

需氧有机物并没有毒性，可是它们溜达到水里的时候，会发生生物降解，消耗掉水里的溶解氧。如果溜达到水里的需氧有机物太多了，那么大量的溶解氧都会让它们给消耗掉，鱼儿们呼吸不到足够的氧，那就跟人被掐住了脖子似的，活不长了。

营养多了难道不是好事吗

地球人都知道，人类如果要生存，那就必须每天都吃一大堆食物。我们吃食物并不只是因为贪嘴，而是需要从食物里吸收足够的营养，来维持我们的生命和滋补身体。可是，如果我们真的贪嘴了，吃进了过多的食物，又懒得去做运动，那么大量的营养就会让我们变成一个大胖子。

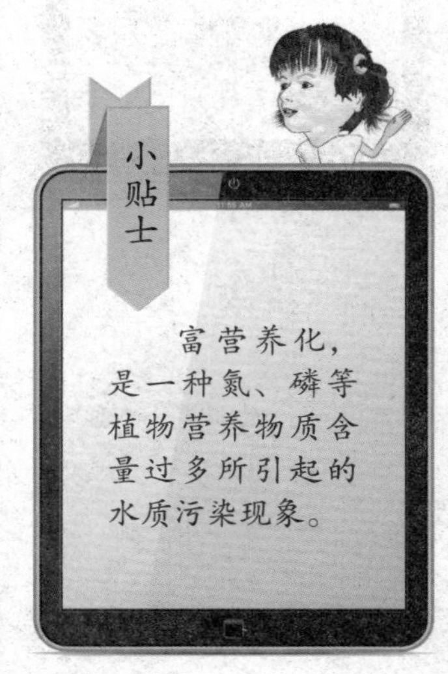

富营养化，是一种氮、磷等植物营养物质含量过多所引起的水质污染现象。

水和我们人类一样，也不能吃太多的营养。如果水吃的营养过多，就会得这样一种怪病：富营养化。

水体富营养化

由于生物是多种多样的，而且生活的环境也大不一样，所以不同的生物所需要的营养也不一样，喜欢吃的东西也不一样。那些生活在水里的植物们，它们并不喜欢吃汉堡包和炸鸡腿，而是喜欢氮、磷、钾这些营养物，我们称这些为植物营养物。

在我们排放的生活污水、工业污水、农业污水里，含有大量的这些植物营养物。

适量的营养物可以给鱼虾们创造一个舒服的生长环境。可是当大量的氮、磷、钾这些营养物跑到湖泊、河口、海湾这些水流比较缓慢的地方，那里的藻类们、水草们可就发了大财了，可以放开肚皮大吃特吃，吃得它们一个个肚满肠肥，并且繁殖出一大堆的子孙后代，迅速抢占大量的地盘，使水里的溶解氧减少，水质恶化。这个时候的水，就会得了富营养化的怪病。

水体一旦富营养化了，就都成了藻类的天下，鱼类和其他生物都会大量死亡。

歹毒的水中杀手

1986年11月1日，瑞士巴塞尔市的桑多兹化工厂的仓库失火，30吨剧毒的硫化物、磷化物与含有水银的化工产品随着灭火剂和水流入了莱茵河，把莱茵河给害惨了。据说，当时剧毒顺流而下，150千米内有60多万条鱼被毒死，500千米以内河岸两侧的井水不能饮用，靠近河边的自来水厂都关门大吉。更加倒霉的是，这些有毒物沉积在河底，让莱茵河足足倒了20年的大霉。

我们把害惨了莱茵河的硫化物、磷化物等这些坏东西，称为有毒污染物。这些有毒污染物进入生物体后累积到一定数量，能使体液和组织发生生化和生理功能的变化，引起暂时或持久的病理状态，甚至危及生命。

莱茵河

能够藏身到水里面的有毒污染物有很多种，

其中重金属污染物就是一个大类，而且对人体的伤害非常大。这些重金属污染物包括汞、镉、铬、铅、钒、钴、钡等一大堆成员。如果让这些家伙偷偷进入了人体里，并且积聚了一定的力量之后，它们全都会变成歹毒的杀手，使人们染上头痛、头晕、失眠、健忘、神经错乱、关节疼痛、结石、癌症等等疾病。

在这些有毒污染物面前，鱼和人类都脆弱得不堪一击，所以千万得小心提防着，不要让它们有可乘之机。

让人哭笑不得的石油污染

毋庸置疑，石油是我们人类所开发出来的一个大宝贝，它不但为我们提供了能源，还提供了各种各样的原材料，成为现代工业不可缺少的资源。我们吃的、穿的、用的、玩的，全都和石油扯上了或多或少的关系。

可是，石油如果安分守己地待着，它是一个好宝贝，如果跑到它不该去的地方溜达，就会变成让我们伤透脑筋的污染。

我们来参观一条被石油污染的河流，看看这里的景观是怎样的：我们来到这条从前风景优美的河的岸边，只见河水非常污浊，河面上漂着一层色彩斑斓的油膜，河里别说是鱼，就连死鱼都寻不到一条……

我们所看到的小河被石油污染，只是一个小小的事故。人类开发的石油越来越多，石油给我们的环境所造成的污染也越来越大。到了现在，石油污染已经成了水体污染的重要类型之一，在那些河口、近水海域更为突出。据估计，每年排入海洋的石油估计高达数百万吨甚至上千万吨，大约占了世界石油总产量的千分之五。大量的石油涌入了河流和海洋，水生生物尤其是海洋生物成了最大

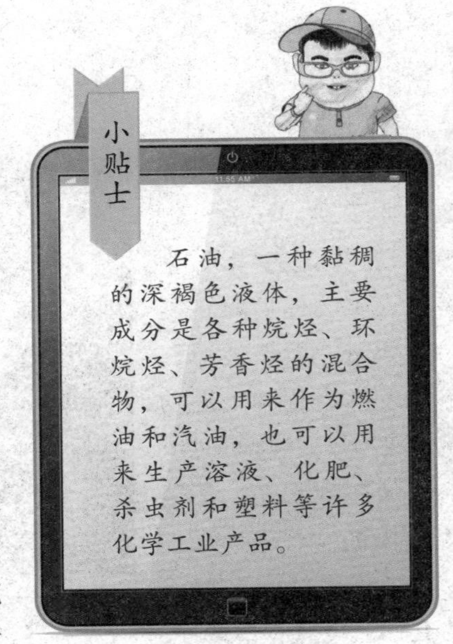

的受害者，人类也会因此而受到牵连。

人类因为开发出石油而得到了巨大的好处，也因为开发出石油而造成了石油污染，真是令人哭笑不得。

因石油爆炸而遭到污染的松花江

要命的隐身杀手

插问 你知道放射性是什么吗？它是放烟花还是放鞭炮呢？

放射性物质也是一位隐身高手，它们的原子核能发生衰变，放出我们肉眼看不见也感觉不到的射线。除非是借助专门的仪器，否则我们休想把这些射线找出来。物质的这种性质，就叫作放射性。放射性物质如果流到水里面，就会造成放射性污染。

日本福岛核电站造成水污染

其实物质的放射性并不都是坏分子，只要我们控制得当，放射性可以帮助我们干很多普通环境下很难做得到的事。例如，我们可以利用放射性来检查金属内部有没有砂眼或者裂纹，可以利用放射性来消除机器在运转中因摩擦而产生的有害静电，甚至可以利用放射性来培养优良的植物品种，像什么保存食物啦、抑制农作物的病虫害啦、帮助人类治病啦等等，都是放射性的拿手好戏。

可是，放射性也是一个桀骜不驯的家伙，稍不小心让它们钻了空子，就会到处给我们捣乱。例如，当核动力工厂排出冷却水，当我们向海洋投弃放射性废物，当核爆炸的散落物降落到水体，当核动力船舶事故泄漏核燃料，甚至在开采、提炼和使用放射性物质时处理不当，都会让放射性有可乘之机，造成放射性污染。

在大剂量的放射性污染面前，无论我们人类还是鱼类都得吃大亏，不死也得被伤害得半死不活。即使是小剂量的放射性，虽然不会立刻导致生物死伤，可是它们会在生物体内积蓄起来，慢慢地对生物体进行破坏。

不要以为水体的放射性污染只是鱼儿们的事，我们不跑到水里去就没问题。如果鱼类受到了放射性污染，而人类又将这些鱼吃到肚子里的话，人类也要吃不了兜着走。

酸了，碱了，都是不好了

我们这里所说的酸和碱，和吃的食物的甜酸苦辣并不是一回事。我们所说的酸和碱，是指液体的酸碱性强弱程度。

柠檬能够把我们的牙齿酸软了。那么，它是不是就是一种酸性物质呢？

为了将这个酸碱度看个清楚明白，人类发明了一个俗称“pH 值”的指标，用来作为衡量溶液酸碱性的尺度。pH 值等于 7 是中性，大于 7 是碱性，小于 7 当然就是酸性了。

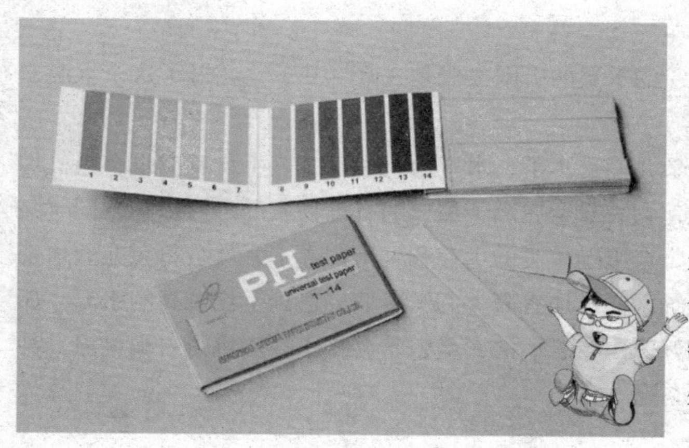

检验溶液酸碱度的 pH 试纸

当酸和碱进入了水体里，就会使水体的 pH 值发生变化，也就是说，将水变酸了或者变碱了。水里的 pH 值过高或者过低，都是一件令人伤脑筋的事，都会杀死鱼类和其他的水生生物，消灭或者抑制微生物的生长，妨碍水体的自净作用。

在农业上，各种农作物对酸性和碱性的喜欢程度都不一样，如果用过酸或者过碱的水来灌溉庄稼，会使土壤酸化或者盐碱化，这对农作物和人类来说都是一场灾难。

多给鱼儿一点温暖行吗

热污染造成的河流污染

温度也是深藏在水里面的一种看不见的污染。这其实一点儿也不奇怪。在酷热的温度里，不但是我们人类感到不舒服，鱼类也会嚷嚷着喊救命呢。

每一种鱼类都有一个最佳水温区间，水温太高或者太低都不适合鱼儿们生长。例如，热带鱼喜欢在15℃~32℃的水里溜达，温带鱼喜欢的水温是10℃~22℃，寒带鱼就算到了2℃~10℃的水里，也照样能够活得自由自在。

一般的水生生物能够忍受的水温的上限大概是33℃~35℃，超过了这个水温，它们就会面临一场杀身之祸。

如果水温过高，不但是鱼儿们受不了，水里的化学反应、生化反应也会趁机加快它们的行动速度，使像氰化物、重金属离子那样的有毒物质的毒性提高，同时又使水里的溶解氧减少，这些都会影响鱼类的生存和繁殖，弄不好就会将鱼儿们杀个一干二净片甲不留。而那些细菌们，还有藻类们水草们，遇到了比较高的水温，那可就找到了一个安居乐业的好家园，它们的大量繁殖会将水环境搞得一塌糊涂，甚至是臭气熏天。

插问　我们身边的河流里还会潜伏着什么样的环境杀手呢？

温暖虽然是个好东西，可是过多的温暖，或者不恰当的温暖，那就是一种污染。我们称这种污染为“热污染”。

十一、谁污染了我们的生命之水

生命从水开始，依赖水来获得生机。我们的生产，我们的生活，从来都不可能离开水的帮助。可是糟糕的是，我们的生命之水被污染得越来越厉害了。我们已经知道，什么病原体污染、需氧有机物污染、富营养化、有毒污染物污染、油污染、酸碱污染、热污染等等一大堆，都是污染水资源的妖魔鬼怪。

污染水资源的妖魔鬼怪是谁放出来的呢？

事实证明，污染了我们的生命之水的恰恰就是我们人类自己。

人类因为水而生存和发展，可是令大家恼火的是，人类的生存和发展把水弄得到处都是污染。人类的生存和发展免不了会对水资源造成一些伤害，我们的吃喝拉撒，我们的衣食住行，稍不留神，很容易就会使我们的生命之水受到污染……

污水从何处来

人类的工业生产、农业生产，还有日常生活，就是污水的最大源头。

在我们的工业生产当中，包括钢铁、煤炭、电力、石油石化、化工、建材、电解铝、铁合金、电石、焦炭、造纸等很多个行业，在生产

过程中都不可避免地产生大量的污水，这些污水如果不加以处理就随便地排放到江河湖海里，那就会制造出水污染来。

我们这就静悄悄地溜进一家造纸厂，尝试揭开造纸厂不但造纸，还制造污水的秘密。

想一想，为什么浪费纸张就是污染环境呢？咱们也没随地扔纸屑啊……

地球人都知道，造纸术是我国古代的四大发明之一，我们曾经以拥有先进的造纸技术而自豪，让全世界都因我们的造纸术而受惠。可是，现代的造纸厂在生产纸张的同时，竟然生产出大量的污水，这是怎么回事呢?

原来，造纸生产分成制浆和造纸两大部分，需要经过备料、蒸煮、碱回收、洗选、漂白、打浆、抄纸、整理等许多道工序，而其中的蒸煮、洗选、打浆的过程中，会产生大量的纸浆废水，里面含有高浓度有机物、悬浮物、色度和硫醇臭气。这样一来，造纸工业就成了严重污染环境的行业之一。

在我国的辽宁省有一条辽河，是东北地区最大的河流，也是我国七大江河之一。可是，在这条辽宁人民的母亲河两岸分布着众多的造纸企业。这些造纸企业对辽河造成了极大的污染，被人们称为污染辽河的“第一杀手”。

辽河

发电厂还是发热厂

我们都知道，热是水污染的一种。为了找到热污染的源头，我们把目光转移到发电厂身上。

在我们家家户户经常要消耗能源烧热水的时候，竟然有人把热水白白地放跑，这是怎么回事呢？

A. 水太烫了，不放掉一点，洗澡变烧汤了。

B. 大公无私，将好东西分给大家一起用。

C. 热水太可怜了，给它们自由。

D. 发电厂废弃的冷却水。

发电厂

我们大概都听过瓦特改良蒸汽机的故事。传说，瓦特小的时候，曾经对着一壶开水发了呆，因为他发现当壶里的水被烧开了之后，壶盖就会在那里欢蹦乱跳。后来，瓦特发现了壶盖跳动的秘密，知道了推动壶盖的东西名叫蒸汽，还成功地改良了蒸汽机，将蒸汽的能量转换为机械功，开创了人类工业的一个新的时代。后来，人们将蒸汽机这个发明应用到各种工业活动中去，将蒸汽的力量发挥得淋漓尽致。

在发电厂里，竟然也藏着一个蒸汽的秘密。当人们需要发电的时候，要利用燃料发热把水加热。水被加热，从液体水变为气态的水蒸气，体积就会急剧地增大，产生压力，驱动涡轮。涡轮转动起来，就可以供给发电机能量，产生电，然后输送到千家万户。

有了电，我们啪地把开关一开，电灯就亮了；我们把按钮一按，洗澡的热水就出来了；我们把遥控器一点，空调就给我们送来凉风，电视给我们带来娱乐……

在享受电给我们带来的方便的时候，我们大概都没管它的生产过程中要不断释放出很多污染物，而且还将大量的热水释放出来。原来，在发电过程中，需要将从涡轮里出来的蒸汽重新冷凝为液态水，这项工作需要冷却系统来完成。从冷却系统里出来的热水，如果我们既不用来洗澡，也不用来取暖，而是让它们随便地排放掉，就成为了热污染源。

砍掉了林子污染了水

从很久很久以前开始，人类就已经认识到树木是个宝贝，可以帮助我们人类做好多好多的事。我们的祖先有巢氏所发明的屋子，就是用树枝和藤条在高大的树干上建造的，而燧人氏发明的钻燧取火绝技也是靠钻木头来替人类取来了火种。

砍伐树木

到了现代，我们人类和树木已经是亲密得不能分开了。像我们睡觉用的床，放衣服的衣柜，坐的椅子，用的书桌，写字用的铅笔和纸张，甚至是住的房子，都可以用木材来制造。

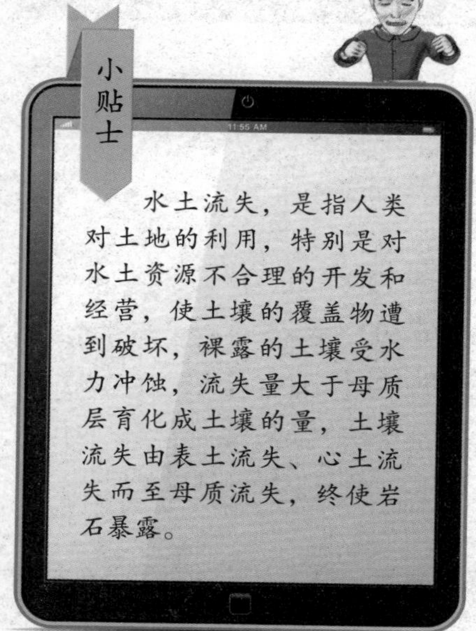

小贴士

水土流失，是指人类对土地的利用，特别是对水土资源不合理的开发和经营，使土壤的覆盖物遭到破坏，裸露的土壤受水力冲蚀，流失量大于母质层育化成土壤的量，土壤流失由表土流失、心土流失而至母质流失，终使岩石暴露。

树木除了能够给我们提供木材之外，还有很多用途，替人类保护好水土就是其中的一种。它们拥有能够阻止和缓解水蚀和风蚀的能力，可以截持降雨，过滤淤泥，防止和减少水土流失。如果我们为了眼前利益，把树木都砍掉了，那么在水力、重力、风力等外力作用下，得不到保护的水土资源就会遭到破坏，导致水土流失。

令人遗憾的是，我国就是一个水土流失非常严重的国家。例如黄河的中游河段流经黄土高原地区，由于水土流失而带入大量的

砍伐树木

泥沙，黄河因此成为了世界上含沙量最多的河流。而这些泥沙中所携带的氮、磷等，是造成江、河、湖、水库水体源污染的主要原因之一。

一个农民的小故事

给水稻喷洒农药

因为农民种植了粮食，我们才有饭可吃，才活得这么舒舒服服。自古以来，农民生产粮食都得依靠水的帮助。如果没有了水，农民就什么也种不出来，而我们呢，别说是吃饭，就连喝粥也甭想。

我们这就来瞧一瞧，农民老滴是怎么种植庄稼的。

老滴是个种水稻的高手。为了让田里的水稻能够快快长高，他不但往田里灌满了水，而且还替水稻们准备了一大堆营养品，什么氮肥、磷肥、钾肥等等，反正人家说什么化肥营养好，他就给他的水稻施什么肥，而且施得越多越好。只要水稻都长得肥肥胖胖的，自己掏腰包请它们饱餐几顿，那也是高兴的事。

听说最近闹起了病虫害，一种名叫稻飞蚤的害虫到处捣乱。什么？请青蛙帮忙？开玩笑，早在许多年以前，青蛙们就都让老滴喷农药杀害虫的时候顺手杀了个精光。对付害虫，还得用农药这种秘密武器。于是，老滴小心地配好了农药，喷洒到田里，如果害虫们胆敢来犯，那就是自取灭亡。

今年，老滴的水稻又获得了丰收。收割的时候，由于请不到收割机，老滴只好请了朋友们帮忙，并且还亲自下田，和大家一起累了几天才把水稻收割完毕。

水稻收割完毕，剩下的秸秆，也就是那些水稻的茎和叶怎么办呢？总不能连它们也吃掉吧？老滴办法多着呢，他弄来了些汽油，往那些还未干透的秸秆上一浇，然后把火一点，很快就把它们烧成了灰烬。呵呵，这些灰烬还可以作肥料呢。

小贴士

水稻，一年生禾本科植物，原产亚洲热带，在中国广为栽种后传播到世界各地。我们对水稻可能有些陌生，可是它结的子实就是稻谷，稻谷去壳就是大米，大米煮熟了就是我们天天吃的米饭。据统计，世界上近一半人口都以大米为主食。

给农民老滴找茬

植物要想长得快长得好，需要吸收大量的营养，这些营养包括氮、磷、钾等各种各样的营养元素。为了让农作物们活得好好的，为我们提供更多更好的粮食，人类用化学或者物理的方法，制造出含有这些农作物生长所需要的营养元素的肥料，我们称为化学肥料，也就是化肥。

当农民老滴把大量的化肥施放到田里时，一定不知道他的水稻兄弟们一个个全

给农民老滴找找茬，看他在种植水稻的过程中干过哪些污染水资源的事情？

A. 使用大量的化肥。

B. 为防治病虫害而喷洒农药。

C. 用镰刀收割。

D. 烧秸秆作肥料。

都是铺张浪费的家伙，它们只是吃掉了化肥的一部分，而剩下的大量的化肥白白地被扔在土壤里，并且随着降雨和流水等渗透到地下水里，流入江河湖泊，成为水体污染的一个主要来源。

农药又是什么东西呢？农药是指在农业生产中，为保障、促进农作物的生长所施用的杀虫、杀菌、杀灭有害动物或杂草的药物。

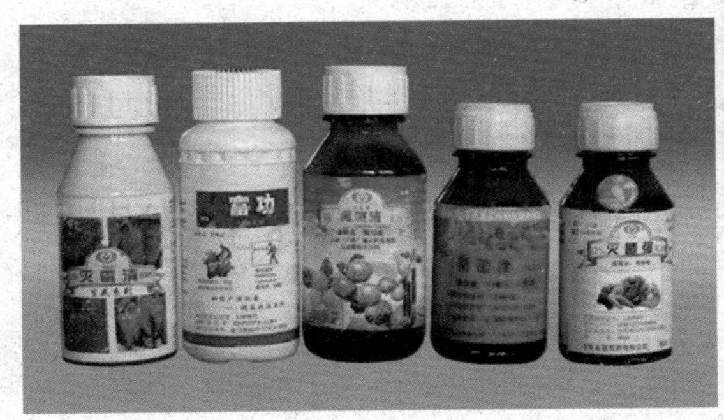

农药

老滴为了防治病虫害所喷洒的农药，除了能够杀死害虫外，还干了不少坏事，其中一件大坏事就是污染了我们的水体。据分析，如果老滴喷洒的农药是液体，那些农药也只不过有20%左右能够附在庄稼上，而让害虫们接触到了吃不了兜着走的大概只有1%~4%，其余的农药都是白喷了，包括降落到地面的40%~60%，还有5%~30%在空中飘飘荡荡，然后又随着降雨返回地面。这些农药们大部分都会随着降雨和灌溉水，污染我们的水资源。

浇汽油烧秸秆，更可以说是一件肆意破坏环境的大坏事。秸秆混着汽油燃烧，会产生大量的污染物，把我们的空气弄得一团糟，附近的人们呼吸到这些被污染的空气，不得个什么咳嗽啦打喷嚏啦流鼻涕啦的毛病才怪呢。而这些被污染的空气，最终还得随着降雨回到地面上来继续它们的污染行动。

用镰刀收割水稻，虽然是把老滴给累趴下了，可是对我们的环境并没有造成什么损害。

把剧毒农药扔掉

既然种水稻会污染水资源，那咱们不种行不？不种麦子不种高粱，不种瓜果蔬菜，只要对水资源有害的，我们都不种！然而，不种农作物，我们要面临的就不止是水污染的问题，而是大家都要饿肚子。没有了粮食，谁还可以在地球上生存下去呢？

其实，我们并不需要放弃种植农作物，而是要在种植的过程中，尽量寻找一些可以减少污染的办法，让我们既可以吃饱肚子，又让水资源可以继续被保护得好好的。

有什么办法，既可以种植好农作物，又不污染水资源呢？

方法当然有，例如当我们施肥的时候，不要只追求越多越好，而是以适量为宜，这样做就可以减少对水资源的污染。又例如，收割后的秸秆还田是件大好事，可是千万别淋上汽油烧，可以把秸秆粉碎了，直接或者堆积腐熟后加入土壤中，这既可以改良土壤性质，提高土壤肥力，还可以保持水土，节省化肥，提高农作物的产量。

秸秆粉碎灭茬还田

烧秸秆

如果有害虫胆敢来找农作物的麻烦，我们也未必就需要亮出农药这个杀手锏，引入这些害虫的天敌、竞争者或者病原体，在某些情况下已经被证明是控制害虫的有效方式。即使是要使用农药，我们也可以把高毒农药扔一边去，而采用绿色化学农药。这些绿色农药不但药剂量少、见效快，仅仅对特定的有害生物起作用，而且可以达到无毒或者低毒，并且能够迅速降解的无公害效果。

刷牙、洗澡、洗衣服，污染水体就这么简单

在我们的日常生活中，每天刷刷牙洗洗澡，脏了的衣服要洗个干净，这些都是太平常不过的事情了。谁要是不刷牙不洗澡，衣服脏了照样穿着到处跑，这样的脏家伙谁愿意和他一起玩呢？可是，就是在这些普通的日常生活中，我们制造了大量的污水，甚至可能造成了可怕的磷污染。

我们日常所使用的洗涤剂，包括什么洗洁精啦、洗衣粉啦等等，甚至包括我们刷牙用的牙膏，洗澡用的香皂，都有可能是制造磷污染的罪魁祸首。原来，在洗涤剂里面有一种助洗剂，名叫磷酸盐。有了这种磷酸盐，洗涤剂的去污效果就会得到

大大的提高。

为了减少磷污染，我们可以采用哪种办法？

A. 即使蛀虫在牙齿里安了家，打死也不刷牙。

B. 不洗澡，当然也不要洗衣服。

C. 把地球上所有的磷都用光，它就不会再出来作恶了。

D. 使用不含磷的洗涤剂。

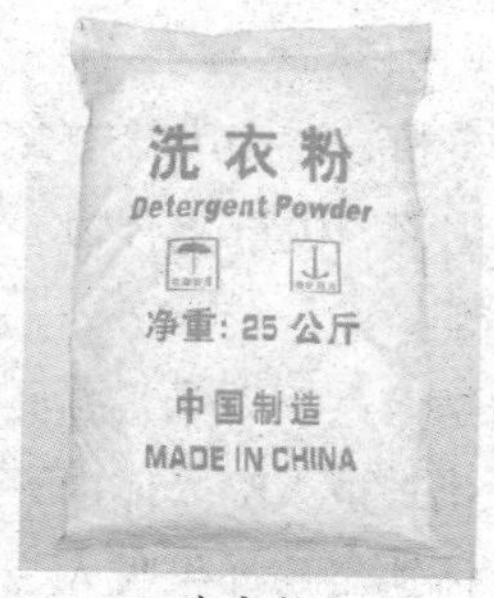

洗衣粉

可是，正是这些被加入到洗涤剂里面的磷酸盐们，对我们的江河湖海造成了非常严重的污染。洗涤剂中的磷被我们连同污水一起倒进排污口，通过排污管道一直流到江河湖海这些水体中。如果磷的含量不多，事情还好办一点，一旦这些家伙逐渐多了起来，聚集到一起使水体富营养化了，那些蓝藻绿藻们就会活跃起来，长得又多又大，占据大量的地盘，把水质弄得恶化，将水体生态系统和使用功能都破坏掉。水质污染，藻类大量繁殖，溶解氧缺乏，这些磷污染造成的恶果最终使得鱼类和虾类大批大批地死亡，甚至严重威胁到人类的健康和生命。

大家就别想着为了环保而不用刷牙洗澡那样的歪主意了，减少磷污染的办法有的是，不用磷，我们也能够生产出洗涤剂，照样能够刷牙洗澡洗衣服。

为了向含磷洗涤剂说再见，人类不断地开发出很多不含磷而且高效无毒无污染，还具有强有力的杀菌功能的多功能多用途的洗涤剂，已经有很多地方的政府鼓励大家放弃使用含磷洗涤剂，甚至实行禁磷。

汽车放臭屁

生活在古代的人们可以经常坐坐牛车、马车，而身为现代人的我们外出喜欢坐的是汽车，那可比坐牛车马车省事多了方便多了，至少不必待在牛和马的屁股后面，

汽车尾气

闻它们所放出来的牛臭屁和马臭屁。然而，汽车虽然没有古代拉车的牛和马的那些个臭毛病，不会满大街地随地大小便，却仍然肆无忌惮地到处放臭屁。这种臭屁，就是问题越来越严重的汽车尾气。

我们在使用汽车的时候，汽车燃烧汽油和柴油的同时，会毫不客气地通过泄漏、蒸发、排气将有害的物质排放到空气中，而且跟我们人类放屁差不多，汽车主要是通过屁股后面那根排气管排出废气。

我们来看看汽车放的这些臭屁里面都有些什么东西。根据分析，汽车废气中含有的成分有1000多种，其中对人体和环境危害最大的有一氧化碳、碳氢化合物、氮氧化物、二氧化碳、苯并芘、醛类、铅微粒、碳烟和油烟等等。

我们将其中的一氧化碳挑出来看看是什么东西。一氧化碳是无色、无味、无臭的窒息性气体，汽车排放的尾气里面大多数是这种东西。一氧化碳被人吸入体内，会和我们的血红蛋白结合，使血红蛋白载氧能力下降，造成人体缺氧。如果吸入一氧化碳过多，不但危害身体，甚至会导致死亡。

汽车所放的这些臭屁们不但跑到空气中污染了空气，还成为了形成酸雨的重要原因。酸雨就是被大气中存在的酸性气体污染了的酸性降雨，它的酸度如果过高，会直接使大量的树木死亡，农作物枯萎，也会使土壤贫瘠化，还可以使湖泊、河流酸化，并把土壤和水体底泥中的重金属溶解进水中，将鱼儿们毒死。

人类的各种各样的活动，经常不知不觉地就污染了我们的生命之水。

当我们知道了水资源被人类污染的真相之后，并不是要自己傻乎乎地待在家里什么都不干，而是当我们要做什么的时候，要想到我们的宝贵的水，要思考一下怎样做才能让水资源也能好好地活下去，要在人类活动和水资源的保护之间取得一个皆大欢喜的平衡。

十二、给水洗洗澡

我们知道，人类的活动不可避免地要制造出很多污水，污水一旦溜达到江河湖海中，水资源就会遭殃。可是，即使我们知道了水污染来源的秘密，也只能够明知故犯，继续去制造更多的污水。

为什么？人类也得活着啊！总不能天天都不洗澡不刷牙不吃饭吧？

既然人脏了可以洗澡，水脏了我们能不能也给水洗洗澡呢？我们洗澡用水，给水洗澡用什么呢？

让水们自己替自己洗澡

洁净的水

为了让水们干干净净的，我们除了想尽办法减少制造污水之外，还可以替脏水洗澡，把水里的脏东西都洗掉。

正如你所知道的那样，我们人类刚刚出生时，吃什么喝什么都要大人们喂，洗澡这种体力活儿技术活儿，当然得大人们代劳了。长大了之后，洗澡当然就要自己来，这可是我们成长过程中的一个重要的里程碑。水呢，它们天生就有替自己洗澡的本领，我们称这种本领为“水体的自净功能”。

当污染物进入水体之后，水环境就会受到污染。这个时候，水并不是默默地忍

受污染物在它们的地盘上作威作福，而是奋起反抗，要将污染物从自己的身上洗刷干净。在水的努力下，经过水体自净过程，将脏兮兮的水变回清洁的水。

水体虽然可以自净，但我们远没到可以安心睡觉的时候，别以为我们惹的麻烦，水体们都会替我们擦屁股，因为它们替自己洗澡的能力是有限的，而且还和很多因素有关。如果我们排放到水里的污染物太多，又只顾着自己安心睡大觉而不闻不问，水体的污染就会变成永久性的，怎么洗也洗不干净。

所以啊，还是别贪睡了，赶紧想法子帮助水们洗澡吧。

小贴士

水体自净，经过水体的物理、化学与生物的作用，使污水中污染物的浓度得以降低，经过一段时间后，水体往往能恢复到受污染前的状态，并在微生物的作用下进行分解，从而使水体由不洁恢复为清洁，这一过程称为水体的自净过程。

喜欢给水洗澡的小家伙

在动手给水洗澡之前，我们先来看看一群积极参与到我们的洗澡行动中的小动物们，瞧瞧人家是怎样给水洗澡的。这群小动物我们称为“底栖动物”。

螺蛳，是底栖动物的一种，也是一个替水洗澡的高手。螺蛳虽然看起来笨头笨脑，但是它的足可以从壳口伸到水底或者在水草茎叶上爬行。螺蛳在水体生态系统里扮

底栖动物河蚌

演着一个非常重要的角色，专家们还经常靠它来评价水环境的好坏呢。

螺蛳喜欢吃的东西非常多，水里长的植物、藻类、细菌和小型动物，以及它们死后的尸体或者腐屑，都可以拿来饱餐一顿。科学家们经过研究，发现螺蛳对污染水体里的中低等藻类、有机碎屑、无机颗粒物等等污染物有比较好的净化效果。

在底栖动物中，像河蚌、牡蛎等等一大群小家伙们，都具有这种给水洗澡的本领，它们是我们给水资源搞清洁的好帮手。为了以资鼓励，人们替这些能够给水洗澡的底栖动物们起了一个有趣的外号：活体过滤器。

小贴士

底栖动物，生命的全部或大部分时间生活于水体底部的水生动物群。底栖动物其实就是那些喜欢在水底下睡大觉和吃喝拉撒的动物，那些味道好吃极了的螺、蚬、河蚌、牡蛎等等，就是底栖动物里面的大明星，和人类特别亲近。

废水不废

在动手给水洗澡之前，我们还趁机偷了懒。其实，有些水虽然是污水废水脏水，可是我们根本就不必费功夫替它们洗澡，因为废水并不都是废物，好好地利用起来，说不定还是个宝物呢。

把废水重新利用起来，其实并不是什么新鲜事儿。例如，当我们平时洗澡洗衣服的时候，如果把那些掺和了洗涤剂还有脏东西的水留下来，就可以把它们再使唤一回。当然，我们不能再用这些脏了的水来洗澡洗衣服，更不能用它们来煮饭烧菜，可是用来冲冲厕所它们还是能胜任的。

又例如，人类的粪便污水，虽然在我们眼里是臭不可闻，可是在植物那里会变成抢手货。粪便污水其实是可以用来浇花种菜的好宝贝，植物吃喝起粪便污水来，就跟我们吃鸡腿喝汽水一样，特别开胃。偷偷地告诉你一个秘密，我们做饭时的淘米水，也是非常受花草们欢迎的营养品。

利用热水的热电联供项目

我们曾经了解过发电厂的那些热水是怎样污染水体的，如果那些造成污染的冷却水能够被循环再用，甚至可以提供给那些需要用热水的工厂、酒店、学校等地方，这些江河湖海都嗤之以鼻的热水就会变成值钱的好宝贝。

给水洗澡的四大绝招之一：物理法

水虽然具有自净能力，可是我们人类制造的污染也太多了，只靠水自己已经摆平不了，这个时候，我们人类可就不能犹豫了，该出手时就要出手。在现代科学技术的帮助下，我们人类现在掌握了给水洗澡的四大绝招。我们现在就到污水处理厂去看看第一个绝招：物理法。

插问 污水处理厂是个什么地方？它能够将污水变成净水吗？

污水处理厂就是我们人类专门用来对付那些不符合排放标准的污水的地方。为了不让这些污水污染水资源，我们人类把它们集中到污水处理厂，进行一次集体大洗澡，洗刷干净了再放行，让它们排放到江河湖海。

污水沉淀池

物理法是污水处理厂对付污水的第一招。

当我们来到污水处理厂时，可以看到为污水设下的一道道关卡。这些关卡是一些名叫“格栅”的机器，它们转动起来，能够把水里比较大的垃圾，比如塑料袋啦、烂鞋啦、树叶啦这些垃圾和水分离开。

从格栅出来的污水，少了许多大块头的垃圾，显然是轻松多了。它们接着会被赶进沉淀池，那些像沙子之类的颗粒比较大的颗粒物会在这里被沉淀下来。经过几次沉淀之后，出来的水已经看不到污染物，比进厂的时候英俊潇洒多了。

格栅、沉淀池，还有去油、过滤等等许多种方法，都是物理法的一种，其目的就是变着法子把污染物从水里面分离出来。经过物理法洗过澡的水，也许还不够干净，还没达到可以放行的标准，不过不用着急，我们这就使出第二招：化学法。

给水洗澡的四大绝招之二：化学法

当污水里的污染物不肯轻易就范，物理法对这些顽固分子无计可施的时候，我们就得喂污水们吃点儿药。这些药就是一些化学药剂和化学材料，它们可以通过化

污水处理药剂

学反应，使污染物和水分离，或者改变污染物的性质，使它们变成无害物质。不过，给污水喂的药物可不能乱来，要根据污水的情况对症下药。

如果污水酸度或者碱度过高，我们就可以喂它们吃一些碱性或者酸性的化学药剂，甚至还可以将酸性污水和碱性污水混合在一起，让它们自己跟自己打架，一轮混战后污水就会变成中性。

如果污水里混入了一些很小很小的小颗粒，普通的物理沉淀法无法对付它们，我们就可以喂它吃一点混凝剂，使这些细小颗粒聚集成为大颗粒并且沉淀下来，这时候要让它们和水分开就好办多了。

插问 人吃药我们见多了，水吃药你见过吗？

如果藏在污水里的是溶解性无机或者有机污染物，我们想不出法子把它们从水里面赶跑，那就喂它们吃点儿氧化剂，将这些有毒、有害物质氧化成为无毒或者毒性比较小的新物质。

对付溶解性物质，我们还可以向水里投放一些化学药剂，让它们和溶解性物质发生化学反应，变成难以溶解的物质。

给水洗澡的四大绝招之三：物理化学法

将物理法和化学法两大绝招双剑合璧，发挥出一加一大于二的无比威力，就练成了我们的第三个绝招：物理化学法。

物理化学法，是运用物理和化学的综合作用使废水得到净化的方法，是由物理方法和化学方法组成的废水处理系统，或是包括物理过程和化学过程的单项处理方法。像浮选、吹脱、结晶、吸附、萃取、电解、电渗析、离子交换、反渗透等等绝活儿，都是物理化学法的高招。

我们从这些绝活儿当中选一种来看个究竟。

吸附，是指一种物质附着在另一种物质表面上的过程。对付污水的吸附法，就是利用多孔性固体物质吸附分离水中污染物的水处理过程。这些能够把污染物吸附走的固体物质，我们称为“吸附剂”。可以充当吸附剂的材料有很多，像活性炭、活化煤、焦炭、煤渣、树脂、木屑等等，都是身怀绝技的吸附高手。

活性炭

小贴士

氧化塘，又称稳定塘、生物塘，是一种利用天然净化能力对污水进行处理的构筑物的总称。人们将土地进行修整，建成池塘后，依靠池塘里生长的微生物就可以用来治理污水。

给水洗澡的四大绝招之四：生化处理

不要听到生化武器就闻虎色变，我们用来对付污水的生化武器不但对人类无毒害，并且还非常安全环保。我们的这些生化武器其实就是一些以细菌为主的微生物，让这些微生物来吃掉污水里的污染物。

为了让微生物们替我们好好干活，我们还得

氧化塘

了解它们的喜好。有些微生物在大口大口地吃污染物的时候，需要和氧气一起吃才痛快，我们就必须向水里充入氧气或者空气，这种方法叫作“曝气”。

如果有一天，有人指着一个和农村的普通鱼塘几乎一模一样的池塘，告诉你这是他对付污水的生化武器，这时候你不必感到惊讶，因为这其实是一个运用了生化处理绝招的氧化塘。

话说，当污水流入氧化塘的时候，大颗粒的污染物都被沉淀到了塘底，藏身在氧化塘里的微生物一边呼吸着水中的氧气，一边就着氧气大口大口地吞吃那些污染物。在那些没有氧气的地方，由另外一些不爱氧气的厌氧微生物把守着，同样没让污染物讨得什么好处。

在好氧微生物和厌氧微生物的双重夹击之下，污染物被消化、降解。经过氧化塘处理之后再流出来的水都变得干干净净，可以被安心地排放到江河湖海中去。

给水建造一个超级浴室

小贴士

湿地，指天然或人工形成的沼泽地等带有静止或流动水体的成片浅水区，还包括在低潮时水深不超过6米的水域。

人类为了对付水污染绞尽了脑汁，想出了各种各样精妙的办法，人工湿地处理系统就是其中的一个高招。污水进了人工湿地，就跟进了一个超级浴室一样，出来的时候就会变成洁净的水。

湿地，是陆地和水域之间的过渡地带，是地球上三大生态系统之一。湿地具有很多种独特的功能，不仅能够为人类提供大量的食物、原材料和水资源，还能够起到维护生态平衡等重要作用。其中特别出彩的，是湿地具有强大的生态净化作用，并且因此而赢得了“地球之肾”的美誉。

为了给污水好好地洗一个澡，人类依靠人工建造出人造湿地，将污水、污泥有控制地投配到经人工建造的湿地上。在人工湿地系统中的污水和污泥

湿地

都得乖乖地听人类的安排，沿一定方向流动，并且在流动的过程中接受湿地的洗涤。

人工湿地里的植物们具有特别牛的过滤和吸收能力，它们的根系对污水具有强大的过滤作用。污水在人工湿地里流动，那些污染物们会被湿地截流和吸收，氮、磷等营养物质将被植物们吃掉。

除了植物，人工湿地系统里的微生物也在大显身手，它们经常附在植物的根系当中，将污水里那些不容易被植物吸收的污染物降解为容易被吸收的营养物质。

在土壤、人工介质、植物、微生物的通力合作下，经过人工湿地处理系统之后出来的污水会被洗刷得干干净净。

自来水厂的洗澡秀

折腾了这么久，你一定很想知道，我们天天都要用的自来水又是怎样被弄出来的呢？自来水要是没洗干净了就跑到我们家里来，那可就麻烦大了。

别急，我们这就到自来水厂去看个究竟。

自来水厂怎么给水洗澡呢？

我们平常所使用的自来水，是自来水厂从江河湖泊里取回来的。取水水源的好坏，直接影响着自来水的质量。为了让这些江河湖泊的水变得干净，自来水厂还需要对它们进行进一步的净化处理。

自来水厂

自来水厂一般通过沉淀、过滤、消毒等程序，给水进行洗澡，洗完澡后的水

就成了自来水。

大多数自来水厂是用氯化法给水消毒，它能够杀灭细菌，防止水传播疾病。氯化法已经被我们使用了100多年。现在人们还找到了更好的办法，例如用二氧化氯，或者臭氧来代替氯气。

水洗完澡之后，会被送到清水库，再由送水泵高压输入自来水管道，经过自来水管流到千家万户。

在这个过程中，自来水厂要对水的质量进行多次的化验，以保证输送给我们的自来水符合国家生活饮用水卫生标准。

十三、寻找我们的生命之源

毋庸置疑，在我们所居住的这个美丽的蓝色星球上，水是所有生命的源泉，而且是生命活动中不可缺少的一个组成部分。

人类从诞生到发展，从来就没有离开过水的帮忙，也从来就没有放弃过和水进行智慧和勇气的较量。从遥远的蛮荒时代到现在的科技时代，从干旱荒芜的沙漠到巨浪滔天的大海，从冰封千里的雪山到流水潺潺的乡野，人类都在延续着自己的生命之旅。

当人类遇到水的时候……

从大禹治水说起

大禹治水

距今大概4000多年以前，也就是那个名气非常大的尧舜禹时代，人类在中国大地上曾经和水打过一场艰苦卓绝的战争。

当时，大量的水涌进了人类的地盘，将大地泡成了一个大澡堂，淹死了无数的百姓，吞没了无数的庄稼，冲垮了无数的房屋。在这个时候，水已经变成了要毁灭人类生命的魔王。

为了好好活，人们和洪水展开了旷日持久的大战。其中，治水英雄禹带着大家和洪水抗争了13年。禹将自己的全部精力都投入到治水当中，不但三次经过自己家门都不回家看看，还亲自带着助手们出现在各个治水的工地，和老百姓们一起修水渠、筑堤坝、挖淤泥、清河道……

禹一共用了13年的时间，终于疏通了河道，治理好了湖泊。洪水在以禹为首的治水英雄们的面前终于不得不低头认输，乖乖地顺着河流从高处流入低处，从湖泊流入江河，最后流入大海。

大禹治水是人类和洪水的斗争中的一次伟大的胜利。洪水退走后，陆地露出水面，农田又恢复了生机，老百姓又可以建房屋、种庄稼、养牲口，重新过上安定的生活。

小贴士

禹，姓姒，名文命，史称大禹、帝禹，为夏后氏首领，夏朝开国君王，是中国古代传说中与尧、舜齐名的贤圣帝王。

这段大禹治水的历史，没有文字记载可查，我们只能依靠神话传说来猜想当年我们的老祖宗们和水进行斗争的壮举。至今，大禹陵还屹立在浙江省绍兴城东南的会稽山麓，表达着我们中华民族的子子孙孙对治水英雄的崇高敬意。

大禹陵

南水北调和三峡工程

水，其实是一个喜怒无常的家伙。水多了会造成洪灾，水少了也会造成旱灾。为了对付水的喜怒无常，为了把洪灾和旱灾这两个超级大魔王捆绑起来，人类修建了大量的水利工程，想方设法把水给管得服服帖帖的，让水在时间和空间上听我们的。

在我国，名气最大的水利工程当数南水北调和三峡工程。

在水面前，人类真的就这么脆弱吗？

水世界的水是水非

三峡工程

中国的水资源不但短缺，而且分配极不均匀。在南方地区，水资源相对比较充足，大家可以放开了花销，可是到了西北和华北，水资源就少得可怜。那么，能不能用我们南方的水去供北方的人们吃喝刷洗，去浇灌北方的农田呢？为此，我们要进行一项对水来说是胆大包天的南水北调工程，就是分别从长江上、中、下游调水北上，以适应西北、华北各地的发展需要。工程建成之后，长江、淮河、黄河、海河就会相互连接起来，我们就可以向水发号施令，指派它们到该去的地方为我们干活儿。

2014 年 12 月 12 日，人类对水资源施展了一次乾坤大挪移，南水北调中线正式通水。12 月 27 日，北京南水北调中线一期工程通水，生活在北京的人们干了一件祖辈们想都不敢想的稀罕事儿，开始饮用长江水了。

在长江三峡之一的西陵峡的中段，我国已经建成了三峡工程。三峡工程既是中国最大，也是世界最大。它是我国有史以来建设的最大型的工程项目，也是世界上规模最大的水电站。

如此浩大的一项工程，当然不是说建就能建起来，必须经过精心设计和严格论证。1919 年，孙中山先生就已经提出了建设三峡工程的设想，经过多年的筹备，三峡工程于 1992 年获得全国人民代表大会批准建设，1994 年正式动工，到 2009 年才全部完工。

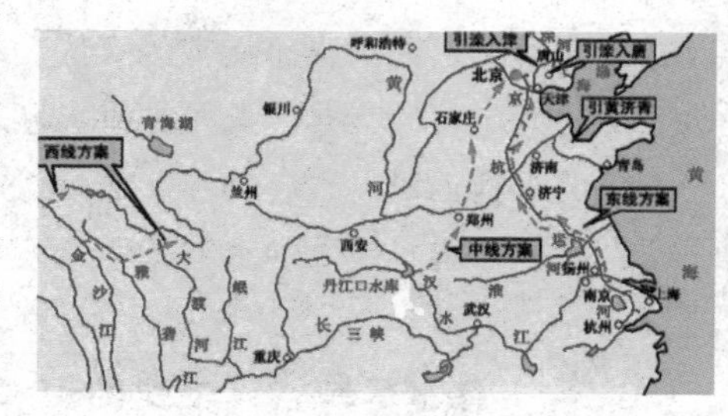

南水北调工程

三峡工程，即长江三峡水利枢纽工程，又被称为三峡水电站，是一个大坝高程185米、蓄水高程175米、水库长2335米的巨无霸工程，总投资高达954.6亿元人民币，安装32台单机容量为70万千瓦的水电机组。有了三峡工程，可以极大地提高我们对洪水的防御能力，即便水这个家伙要大发雷霆，我们也能把它改造成为一个听话的好孩子。不但如此，三峡工程还在养殖、旅游、保护生态、净化环境、南水北调、供水灌溉等方面给人们带来了巨大的好处。

从海水淡化到冰川大迁徙

我们知道，水在地球上无处不在，可是大部分都是不能供人类吃喝用的咸水，淡水只占了2.7%。而在淡水里面，大部分都是我们不能直接拿来用的土壤水、大气水、冰川、冰雪，剩下的只有大约0.26%可以让我们人类与其他生物来分享。

也就是说，地球上到处都是水，而我们的淡水资源还是非常短缺。

既然咸的海水多得不得了，我们把海水变成淡水不就行了吗？

人类没有鱼儿们的本事，无法靠喝海水活着，但是不能让如此丰富的海水资源就这么闲着呀。当人们实在找不到足够的淡水资源时，便开始打海洋的主意。人类将海水变成淡水这个美梦做了不知多少年之后，欧洲探险家们通过煮沸海水制造出淡水，开始了人类的海水淡化之旅。如今，人类已经找到了各种各样的方法，把海

海水淡化厂

水里的盐赶跑，生产出能够供人类饮用的淡水。这种将海水变淡水的绝活儿就是海水淡化技术。

海水淡化利用海水脱盐生产淡水，不但可以增加淡水的总量，而且生产过程不受时空和气候的影响，其方法主要有海水冻结法、电渗析法、蒸馏法、反渗透法等等。由于淡水资源实在是太重要了，大家见了海水淡化这个好方法便一拥而上，如今已经有 10 多个国家的 100 多个科研机构在进行着海水淡化的研究，正在工作的海水淡化设施多达数百种。随着科学技术的进步，海水淡化厂的能耐也越来越大，一座海水淡化厂每天可以生产几千吨、几万吨甚至百万吨的淡水，而且生产淡水的成本在不断降低，有些已经达到了和生产自来水差不多的水平。在海水淡化的过程中，人们还可以得到另一种人类生存不可缺少的东西——盐。

电脑模拟的冰山拖运景象

经过人类的努力，海

水淡化作为水资源的开源增量技术，已经成为了解决全球水资源危机的重要途径。

为了获得更多的淡水，人类竟然还想到了一个天才的想法，要向霸占着大量的淡水资源的冰川动手。我们知道，地球上大约四分之三的淡水被冰川控制着。于是有人提出，我们可以利用冰川的淡水资源。例如在格陵兰岛上，有着巨大的万年冰川，全都是无污染的纯净水，把它们溶解了灌装起来就是最好的饮料。

更加好玩的是，竟然有人将目标锁定在南极的冰山。南极洲的冰山不是特别牛吗？我们如果把它们拖回家，只要弄回来一小座就可以供几百万人使用一年。我们知道，干旱的非洲缺水特别严重，南极冰川这个远水能否解非洲的近渴呢？想将这个“疯狂”想法变为现实的人，名叫乔治斯·默吉恩，是一位法国工程师。默吉恩设想，用巨大的绳索将南极洲一座 600 万吨的冰山绑住，然后用拖船拖到非洲，将其融化就成为了新鲜可口的饮用水，可以帮助非洲人民解决饮用水的危机。

世界水日和中国水周

什么是中国水周？什么是世界水日？

有一句广告词这样说：“如果我们不节约用水，那么世界上最后一滴水将是人类自己的眼泪。”

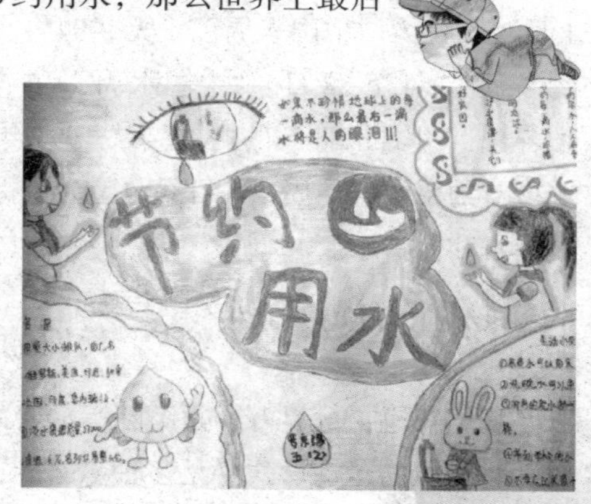

“节约用水”手抄报

水是一切生命赖以生存、社会经济发展不可缺少和不可替代的重要自然资源和环境要素。一切社会和经济活动，都极大地依赖淡水的供应量和质量。然而，水资源不但严重不足，而且分布不均，导致世界上有超过 10 亿的人无法得到足量而且安全的水来维持他们的基本需求。水资源的匮乏，已经威胁到了人类的健康和生存，必须引起我们足够的重视。

世界水日宣传画

为了唤起公众的水意识，建立一种更为全面的水资源可持续利用的体制和相应的运行机制，1993年1月18日，第47届联合国大会根据联合国环境与发展大会制定的《21世纪行动议程》中提出的建议，通过了第193号决议，确定自1993年起，将每年的3月22日定为“世界水日”，以推动对水资源进行综合性统筹规划和管理，加强水资源保护，解决日益严峻的缺水问题。同时，通过开展广泛的宣传教育活动，增强公众对水资源的开发和保护意识。

在我国，1988年《中华人民共和国水法》颁布后，水利部就确定了每年的7月1日至7日为“中国水周”。从1994年开始，我们把“中国水周”的时间改为每年的3月22日至28日。“中国水周”和“世界水日”时间上的重合，使宣传活动更加突出“世界水日”的主题。从1991年起，我国还将每年5月的第二个星期作为城市节约用水宣传周，其目的也是为了提高我们的水忧患意识，号召大家来关心水、爱惜水和保护水。

我们的生命之源

我们知道，世界万物是不断运动着的。在物质的一切属性中，运动是最基本的属性。物质的运动形式又是多种多样的，每一个具体的物质运动形式都存在相应的能量形式。那么，既然世界万物都离不开能量，能量是不是我们的生命之源呢？

我们也知道，生命和空气密不可分。人类和各种动物需要吸入氧气呼出二氧化碳，植物们则需要吸入二氧化碳呼出氧气。既然空气是我们生命中不可或缺的东西，它是不是我们的生命之源呢？

我们更知道，生命起源于水，水是生命体里主要的组成部分。哪里有水的存在，哪里就有生命的希望，哪里就可能存在着生命的奇迹。我们无法否认，水就

葛洲坝

站在这个美丽的水星球上，你能否回答，到底什么才是我们人类的生命之源呢？

A. 能量。

B. 空气。

C. 水。

D. 还有……

是我们的生命之源。

有了能量，有了空气，有了水，我们人类就能够生存和发展，就能够沿着历史的长河一直走到今天吗?

没有了大禹治水的大智慧和大勇气，没有了南水北调和三峡工程的大气度，没有了海水淡化和冰川迁徙的大创造，没有了“世界水日”和“中国水周”这些对水资源的大重视，没有了人类对生命的尊重和为了生命所付出的锲而不舍的奋斗，人类还能创造生命的奇迹吗?

除了能量、空气和水，生命还需要更多的数之不尽的资源。是这些各种各样的资源汇合在一起，创造了生命，创造了奇迹。